# 趣解物理学

[俄] 雅科夫·伊西达洛维奇·别莱利曼　著

李哲　王文迪　译

U0253660

中国青年出版社

**图书在版编目（CIP）数据**

趣解物理学 /（俄罗斯）雅科夫·伊西达洛维奇·别莱利曼著；李哲，王文迪译. -- 北京：中国青年出版社，2025.1. -- ISBN 978-7-5153-7473-4

I. O4-49

中国国家版本馆 CIP 数据核字第 202470UW35 号

责任编辑：彭岩
出版发行：中国青年出版社
社　　址：北京市东城区东四十二条 21 号
网　　址：www.cyp.com.cn
编辑中心：010 - 57350407
营销中心：010 - 57350370
经　　销：新华书店
印　　刷：三河市君旺印务有限公司
规　　格：660mm×970mm　1/16
印　　张：12.5
字　　数：154 千字
版　　次：2025 年 1 月北京第 1 版
印　　次：2025 年 1 月河北第 1 次印刷
定　　价：58.00 元

如有印装质量问题，请凭购书发票与质检部联系调换
联系电话：010 - 57350337

# 目录

——

# 第一章　力　学

## 1.1　比米更大的长度单位

【题】比米大的标准米制单位有哪些?

【解】一般来说，我们知道的比米更大的长度单位是千米。在我们的法定计量单位表中，是不存在十米、百米这些单位表述的。

## 1.2　升和立方分米

【题】升和立方分米哪个更大?

【解】普遍认为，升和立方分米似乎是一个概念，但是这种观点有误。两者的容量相当接近，但不完全等同。度量制中的标准 1 升不是用 1 立方分米，而是用 1 千克来衡量的。1 升是 1 千克纯净水在密度最大时（此时水温为 4℃）的体积。这个体积比 1 立方分米大 27 立方毫米。

也就是说，一升比一立方分米略大些。

## 1.3　最小的长度单位

【题】请说出最小的长度单位。

【解】千分之一毫米（即微米[①]）远远不是现代科学领域中运用到的最小的长度单位。比微米小的单位曾包括百万分之一毫米（即纳米）和千万分之一毫米（即埃米 A，现在该单位不再使用）。现在最小的长度单位是纳

---

[①] 对于现代技术来说，微米已经是相当大的一个长度单位了。因为只有在零件能够完全互换的情况下，复杂机械才能进行大批量生产。这样，可精确到数十分之一微米的测量仪器就运用到了生产实践领域。

米。单位"未知数"（$X$）以前曾使用过，现在已经取消，这里 $X=1.00206$ · $10^{-13}m \approx 0.0001nm$。然而，对于大自然中存在的某些物体来说，未知数（$X$）都还太大，无法准确测量其大小。譬如，直径为几百分之一个 $X$ 的电子[①]，以及直径约为两千分之一个 $X$ 的质子。

见下表，对照以上列举出的若干个较小的长度单位：

微米          $10^{-6}$m

纳米          $10^{-9}$/m

埃米          $10^{-10}$/m（已取消）

（$X$）        $10^{-13}$/m（已取消）

从表面上看，根据国际单位制规定，可以使用由单位米生成的其他米制单位，如皮米（$10^{-12}$m）、飞米（$10^{-15}$m）和阿米（$10^{-18}$m），但是实际上比纳米还小的米制单位名称就不再使用了。

## 1.4  最大的长度单位

【题】请说出最大的长度单位。

【解】不久以前，科学领域还普遍认为，最大的长度单位是"光年"，即光在真空中一年所走过的路程，它等于 9.5 万亿千米（$9.5 \cdot 10^{12}$km）。在许多科学著作中，这个长度单位已逐渐被"秒差距"（是光年的三倍多）所取代。秒差距（由"视差"和"秒"这两个词的缩写合成）等于 31 万亿千米，即 $31 \cdot 10^{12}$km。但是，即使是这么大的长度单位，用来测量宇宙的深度还是太微小。天文学家不得不引入另一个长度单位"千秒差距"，即

---

① 严格说来，电子直径只是假设存在的。汤姆森写道："假如推测电子也遵循实验室中带电金属球所遵循的那些原理，那么就能计算出电子的'直径'，即这个值等于 $3.7 \cdot 10^{-13}$cm。但是通过实验是不可能验证这个结果的。"

1000 个秒差距，继而引入"百万秒差距"，即 1000000 个秒差距，百万秒差距是现今存有记录的最大的长度单位。而被天文学家称为"单位 A"（包含有一百万个光年）的较大单位，只约等于百万秒差距的三分之一。螺旋星系间的距离就用百万秒差距来测量。

图 1　什么是"秒差距"

比较下列若干个较大的长度单位：

秒差距　　　$31 \cdot 10^{12}$km　　光年　$9.5 \cdot 10^{12}$km

千秒差距　　$31 \cdot 10^{15}$km

百万秒差距　$31 \cdot 10^{18}$km　　单位 A $9.5 \cdot 10^{18}$km

有趣的是，最大单位和最小单位，即百万秒差距和未知数（$X$）之间的中间值有多大？当然，我们在这里指的不是算术平均值（即百万秒差距的一半），而是几何平均值。将未知数（$X$）换算成千米，我们得到

$$X = 10^{-10} \text{mm} = 10^{-16} \text{km.}$$

因此，百万秒差距和未知数之间的几何平均值就等于

$$\sqrt{31 \cdot 10^{18} \times 10^{-16}} \approx 56 \text{ km}$$

最大长度单位是 56km 的多少倍，最小长度单位就是 56km 的多少分之一。

## 1.5　轻金属，比水还轻的金属

【题】有比水还轻的金属吗？请说出最轻的金属。

【解】当我们提及轻金属的时候，通常会谈到铝。但是在轻金属行列里，铝还不是排在第一位的，因为有些金属比铝还要轻。下面列举了若干

轻金属，并标明了每种金属的比重（密度）：

铝 2.7

钙 1.55

锶 2.6

钠 0.97

铍 1.9

钾 0.86

镁 1.7

锂 0.53

有三种轻金属比水还轻。

从上表可知，最轻的金属是锂[①]。锂比许多种树木还要轻，将其置于煤油中，会有一半漂浮在油面。它的重量是最重的金属（锇）的 1/40。

现代工业中应用的轻合金如下图所示（法国工程师最善于生产高质量的轻合金，他们将所有密度小于 3 的合金统称为轻合金。）：

1. 硬铝和软铝合金是铝和少量铜镁的合金，其密度为 2.6，同体积的情况下，重量是铁的 1/3，但刚度却是铁的 1.5 倍。

2. 硬铍是铍和铜镍的合金，重量是硬铝的 3/4，但刚度比硬

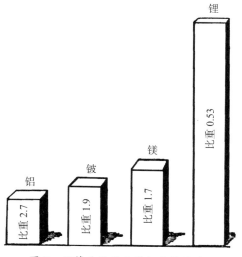

图 2　同等重量的几种轻金属棱镜。

---

① 锂被应用于制造红色信号火箭（作海上遇险信号用），玻璃制造工业（如乳制品用玻璃瓶），硬化合金的金属工业等。

铝大 40%。

3. 轻质镁基合金①是镁铝等其他金属的合金，重量是硬铝的 7/10，刚度不亚于硬铝（其密度为 1.84）。

这有类似的轻铝合金，如西方常用的硅铝合金、斯克列隆铝锌合金、马格纳里合金（轻质镁基合金的前身），此处便不再赘述。

## 1.6　密度最大的物质

【题】世界上密度最大的物质是什么？

【解】普遍认为，密度最大的物质有锇、铱星和白金（铂）。但是，将它们同某些行星上的物质相比，密度就不算大了。密度最大的物质应该是位于黄道十二宫双鱼星座所属的范梅南（van manen）行星上。该行星（其几何面积小于我们的地球）每立方厘米的平均质量约 400千克。因此，这种物质的密度是水的 400000 倍，约为白金的 20000 倍。

图 3　王曼内那行星上某些物质的体积虽然只有 1/4 个火柴盒大，但是重量却等于 30 个成人的体重之和。

一枚最小的该物质颗粒（标本 12 号，直径仅 1.25mm）在地球表面都重达 400g，相当于整整一英磅！而同样是这枚小颗粒，在它的星球表面所称出的重量却大得出奇，竟达 30t！

---

① 这种合金的的名称起源于最早制造这种合金的一家公司。苏联的"谢尔戈·奥尔荣尼克杰"型飞机就是完全采用这种合金制造而成的。

## 1.7　无人岛上

【题】以下是著名的爱迪生测验中的一个问题：
"如果你置身于一座太平洋热带岛屿上，在不借助任
何工具的情况下，你将如何挪动一块长 100 英尺，高
15 英尺的 3 吨重的山岩？"

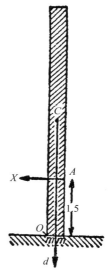

图 4　推翻爱迪生墙

【解】有一本研究爱迪生测验的德语书，里面提
到这样一个问题：在这个热带岛屿上生长树木吗？这
个问题没有意义，因为要推翻一块山岩是不需要任何
树木的，只要用双手就可以做到了！题目中并没有明
确指出山岩的厚度，我们只要将它计算出来，事情就
能马上弄清楚了。一般来说，质量为 3t，密度为 3 的
花岗石，体积为 $1m^3$。因为山岩的长度为 30m（100
英尺），高度约 5m（15 英尺），所以它的厚度就为

$$1:(30×5) \approx 0.007m,$$

也就是 7mm。在这座岛上有厚仅为 7mm 的薄山壁。

只需用双手推或单肩顶一下就足以推倒类似的山壁（只要这堵墙没有
深深地嵌进土里）。计算出所需要的这个力的大小，将其用 $x$ 表示出来。如
图 4 所示，这个力为矢量（向量）$Ax$。这个力的着力点 $A$ 落在身高 1.5m
的人的肩头。这个力使墙体围绕 O 点翻转。这个力的力矩就等于

$$Mom.x = 1.5x$$

墙体重力 $P$ 依附在重心点 $C$ 上，并让墙体保持原来的状态，这个力反
作用于上述的推力。那么相对于 $O$ 点来说，重力的力矩等于

$$Mom.P = P×m = 3000×0.0035 = 10.5$$

由上方程式得出力 $x$ 的大小

$$1.5x = 10.5$$

因此

$$x = 7\text{kg}$$

换句话说，一个人只需要用 7kg 的力就可以把墙体推倒。

类似的石壁完全处于垂直竖立状态也是不可能的，因为即使是一阵我们感觉不到的微风都有可能将它推倒。根据上述方法很容易计算出，压强为 $1.5\text{kg/m}^2$ 的风（可以被看作是一种作用在墙体半高处的力）就足以推倒这堵墙。而且即便是一股压强为 $1\text{kg/m}^2$ 的"微"风，也能给墙体施加 150kg 的压力。

## 1.8 蜘蛛丝的重量

【题】一根有从地球到月球距离长的蜘蛛丝[①]大约重多少？手掌能托起这样一件重物吗？那么用大车可以运走吗？

【解】如果不借助运算，就很难对这个问题给出一个近似准确的答案。计算方法并不复杂，当蛛丝直径为 0.0005cm，密度为 1（$\text{g/cm}^2$）时，1 千米蛛丝的重量就等于

$$\frac{3.14 \times 0.0005^2}{4} \times 100000 \approx 0.02\text{g}$$

而当蛛丝长度达到 400 000km（相当于地球到月球的距离）时，其重量等于

$$0.02 \times 400\,000 = 8\text{ kg}$$

这样的重物还是可以托在手中的。

---

① 蛛丝直径为 0.02 毫米，它的比重约为 1。

## 1.9  埃菲尔铁塔模型

【题】高度为 300 米（1000 英尺）的埃菲尔铁塔重 9000 吨。那么高 30 厘米（1 英尺）的精准铁塔模型的重量又是多少呢？

【解】尽管这是个几何学问题，但它主要还是引起了物理学领域的关注。因为在物理学中，经常会比较几何形状相似的若干个物体的质量。这样，问题就在于，如何确定两个相似物体之间的质量关系（其中物体 A 和物体 B 的线性大小比例为 1：1000）。按照这种比例关系，如果认为微缩化的埃菲尔铁塔模型的重量就是 9 吨（即实物的千分之一）的话，那么就大错特错了。其实，几何形状相似的物体的体积和质量，等于他们的线性比例的立方。换句话说，实物的质量应该是塔模型的 $10^6$ 倍，也就是 10 亿倍：

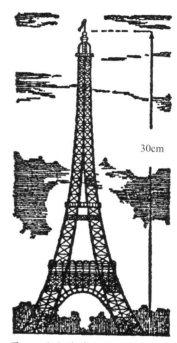

30cm

图 5  这个埃菲尔铁塔模型的重量是多少？

$$9\ 000\ 000\ 000 ： 1\ 000\ 000\ 000 = 9g$$

长度为 30cm 的铁制品的质量是相当小的。因此，我们的模型杠架会很薄，因为它是实物厚度的千分之一，这就要求模型如丝般精细。因而，模型就如同是由最细的丝线[①]制作而成的纺织品，而模型质量小也就不足为奇了。

———————————

① 埃菲尔铁塔上 70 吨的杠架如果替换成丝线模型，其重量仅为 0.07g。

## 1.10　手指上的 1000 个大气压

【题】一根手指能产生 1000 个大气压吗?

【解】很多人也许完全没有意识到，我们用手指将尖针或大头针扎入织物时，施加了 1000at[①] 的大气压。这个结论却不难理解。例如，借助重力写字时，我们手指施加在笔尖上的力约为 300g 或 0.3kg。受压的笔尖的直径约为 0.1mm 或 0.01cm，笔尖的面积约为

$$3 \times 0.01^2 = 0.0003 cm^2$$

因此，$1cm^2$ 所受到的压强就是

$$0.3 : 0.0003 = 1000kg$$

因为工业大气压等于 $1kg/cm^2$，我们作用在笔尖上的压强为 1000 个工业大气压，这个压强是蒸汽机圆柱汽缸内蒸汽做功的 100 倍。

做针线活的裁缝一刻不停的接触着 100 个大气压，他没有意识到，自己的手指施加了这么大的压强。同样，理发师使用锋利的剃刀剪发时，也从未考虑过这一点。确实，剃刀施加在一根发丝上的力的大小只有几克，但是剃刀的刀刃厚度却不到 0.0001cm，一根发丝的直径也小于 0.01cm，这样剃刀施加在发丝上的受压面积就等于

$$0.0001 \times 0.01 = 0.000\,001 cm^2$$

1g 的力对这小块面积施加的压力就是

$$1 : 0.000\,001 = 1\,000\,000 g/cm^2 = 1000kg/cm^2$$

也就是说，又是 1000at。因为手施加在剃刀上的重量不超过 1g，那么剃刀施加在发丝上的压力就是几千个大气压了。

---

① 工业大气压单位用 at 表示，$1at=1kg/cm^2=98.07Kpa$。

## 1.11　昆虫的力气达 10000 个大气压

【题】一只昆虫能产生 100 000 个大气压吗?

【解】昆虫的力的绝对值很小，因此，他们能产生一万个大气压的这种说法似乎不可信。然而，存在着这样一类昆虫，它们甚至能产生更大的压强。黄蜂将毒刺刺入猎物的身体时，总共使用约 1mg 的力。但是，黄蜂毒刺的锋利超过了我们所有的精密科技手段所能达到的程度。相对于黄蜂刺来说，即使是所谓的微型外科仪器也会显得钝得多。通过显微镜最大倍数的显示，黄蜂的刺尖上无任何扁平状的图像。即使是再通过超显微镜透视，我们能看到的还是类似于山峰的形状，如图 6 所示。如果将刀刃置于这台显微镜下，那么所呈现的图案更类似于锯子或山峦（如图 7 所示）。黄蜂刺可能是自然界中最锋利的事物，因为其刺尖半径不超过 0.00001mm。这样，它就如同是一把打磨得相当锋利的剃刀。

图 6　放大后的刺尖如同山峰。

计算出黄蜂使用 0.001g 力的受力面积的大小，即半径为 0.00001mm 的面积的大小。为了方便，我们将 π 看作是 3，那么这个面积就等于

$$S = 3 \times 0.000\,001^2 \text{cm}^2 = 0.000\,000\,000\,003\text{cm}^2$$

刺第一次作用在这个面积上的力的大小为 0.001g＝0.000 001kg。压强就等于

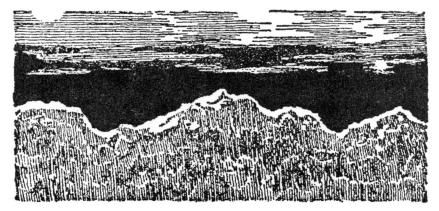

图 7 放大后的刀刃如同山脉。

$$P=\frac{0.00001}{0.000000000003}=330\,000\ at$$

然而，在现实中事情可能并不是这样。因为压力还未达到这么大时，被刺到的生物就已经奄奄一息了。也就是说，黄蜂不用施加 1mg 的力，而只需一点力就足以达到目的了，当然这还取决于猎物的密度。

## 1.12　河上的桨手

【题】河面上有一支桨船，旁边漂浮着一块木板。对于桨手来说哪件事更轻松：是保持领先木板 10 米呢，还是保持落后木板 10 米？

【解】即便是从事水上运动的人也经常得出一个错误的结论：他们认为，逆流划船要比顺流困难，因此，和一块漂浮在水面的木片比赛，一定能划到它的前面。

毫无疑问，相对于河岸的某个点，逆流划船要比顺流困难。但是，如果你要达到的那个点和你同时在水中移动（如一块漂浮在水面的木片），那就另当别论了。应该指出的是，在水流中运动的小船，相对于承载着它的水流来说，它是处于静止状态的。桨手坐在这艘小船中划桨时，同他处在不流动的河水中划桨完全一样。在静止的河水中，无论朝哪个方向划桨都一样轻松，而这一点对于在流动的河水中划桨的桨手来说同样如此。

因此，在同一段距离内，无论桨手是想超过漂浮的木片还是落后于它，他所耗费的劳动量是相等的。

## 1.13 系在气球上的旗子

【题】热气球在风的作用下朝北移动。那么此时气球吊篮中的旗子会朝哪个方向飘扬呢？

【解】如果气球在空中被气流控制，那么这两者的速度是相等的。因为，气球及它周围的空气处在相对静止的状态中。换句话说，旗子就如同处在静止空气或无风天气里，应该是垂直悬挂着的。即使外部飓风狂作，人在这艘气球的吊篮中仍感觉不到风的存在。

## 1.14 水面上的波纹

【题】掷入静止的水中的石头会激起圆圈状的波纹。那么掷入流动河水中的石头激起的波纹又是什么形状的呢？

【解】如果不能一下子找到解决这个问题的方法，那么就很容易陷入一系列推理中，并得出这样一个结论：在流动的水中，波纹既不会弯曲成椭圆，也不会弯曲成扁状（曲面迎着水流方向）。无论水流多么湍急，我们认真观察掷入河中的石子激起的波纹，就会发现涟漪依然是圆圈儿状的。

一切都在意料之中。简单的推理让我们得出这样一个结论：无论水是静止还是流动的，掷入河中的石子激起的波纹应该是圆形的。我们将泛涟

图 8 将石子掷入流水中，激起的波纹是什么形状的？

漪的水微粒的运动看作是两种运动的结合，即辐射（由波动中心向外扩散）和传递（朝水流方向运动）。参与几种运动的物体，假设依次完成了所有的运动，那么它最终会到达的地方，和同时完成所有运动的地方是一样的。因此，假设最初将石子投入静止的水中。当然，这样波纹就是圆形的。那么现在试想下，水在流动（无论流速大小，是否匀速，只要这种运动处在前进之中），这些圆圈状的波纹会发生什么样的改变呢？如果不考虑任何偏差，它们会平行位移，也就是说，它们还会是圆圈状的。

## 1.15　瓶子和轮船

【题】（1）河中两艘轮船以不同的速度相向行驶。当两者并齐时，从船上各扔下一支瓶子。15分钟后，两艘船同时调头并按原速驶向各自的瓶子。

哪艘轮船会更早到达瓶子所处的位置，是船速快的那艘？还是慢的那艘？

（2）如果两艘船最初背向（离向）行驶，那么结果又会如何呢？

【解】两个问题的答案是相同的：两艘轮船同时返回到瓶子所在地。

解决这个问题首先要考虑以下的事实，河流承载着瓶子和轮船时的速度是相同的。这样，水流是不会改变它们的相对位置的。所以，水流的速度相当于零。在这种情况下，即在静止的水中，每艘轮船调头经过同一段时间后（即瓶子被扔弃掉 15 分钟后），一定会到达各自瓶子的所在地。

## 1.16　惯性定律和生物

【题】生物遵循惯性定律吗？

【解】生物遵循惯性定律吗？请看看下面的情况。很多人认为，生物在没有外力参与的情况下能够发生位移，而根据惯性定律来看，物体会保持静止或者继续进行匀速直线运动，直到某个外界因素（即外力）改变物体的这种状态。

但是在表述惯性定律时，"外界"这个词并不是不可或缺的。相反，它完全是多余的。牛顿在《物理的数学起源》这本书中就没有提到这个词。以下是对牛顿的定义的直译："每个物体都处在自身的静止状态或者匀速直线运动之中，因为该物体的作用力没有使它改变这种状态。"

这里并没有指出，根据惯性使物体摆脱静止或者运动的原因一定就是"外界"。在上面的表述中，明确提到惯性定律同样也适合于生物。

谈到生物具有排除外力参与而自身能运动的这种现象，读者将在下文中碰到相关的分析。

## 1.17　运动和内力

【题】物体仅仅依靠某些内力作用能产生运动吗？

【解】普遍认为，物体仅借助内力产生运动是不够的。这种观点无疑带有成见。火箭就足以推翻这一观点，因为火箭主要依靠内力运动。我们亲眼见证火箭的整个运行过程就能充分证明。

有这一点是确定的，整个物体不可能依靠内力处于同一种运动中。但是，这个力完全可以让物体的某部分产生某种运动，比如向前，而剩下的部分向相反的方向运动，即向后。我们能在火箭运行中碰到这种情况。

另外，猫也是一个明显的例子。大家都知道，猫在空中掉落时总是脚爪朝下。它脚爪朝一个方向的翻转带动躯干朝相反的方向翻转。脚爪时而摆起时而抓紧物体（即同时还利用了面积定律），进行一系列到位的翻转后，猫仅仅借助于一部分内力的作用完成了整个躯干所需的翻转。

之所以内力作用还存在争论，有一个原因是物体借助自身内力无法正确把握运动趋势，这一点在许多涉及到某种力学定律的书本中都提到过。这种定律其实是不存在的。因为它认为，内力无法改变物体的重心。

## 1.18　摩擦是一种力

【题】既然摩擦自身不能产生运动，那为什么它总是被称作是一种"力"呢（它的方向总是与运动方向相反的）？

【解】毫无疑问，非运动物体的摩擦可能是运动的直接原因，但它只能是运动的障碍。但也正是这样才把它称作是一种力。什么是力？牛顿这样定义："力是一种为了改变物体静止或者匀速直线运动状态而施加在物体上的作用。"

地面的摩擦改变物体的匀速运动，使它的运动成为非匀速的（变慢）。因此，摩擦是一种力。

为了将这种非运动的力同其他能产生运动的力区分开来，前者被称为"消极"力，后者为"积极"力。

## 1.19　摩擦和动物的运动

【题】摩擦在生物运动过程中起到了什么作用?

【解】看看一个具体的例子——人走路。一般认为，行走中，摩擦作为惟一参与的外力是一种运动的力。在各种教科书和科普课本上经常这样提到。但如果仔细思考：既然地面的摩擦只能减缓运动而不能产生运动，那么它有可能是运动的原因吗?

应该这样来看待摩擦在人和动物行走中的作用! 行走的实质如同火箭运行一样。人能够迈开脚向前，是因为他身体的一部分在向后运动。在光滑的平面上我们也能观察到这一点。但是一旦摩擦力足够大，身体就不会向后退了，整个身体的重心就会向前，这样就迈出步子了。

到底有哪些力使得身体重心前倾呢? 肌肉收缩，即内力。在这种情况下，摩擦的作用只能归结为，它与行走时所产生的两个相等内力中的一个内力平衡，这样就使另一个内力突显出来。

无论是在生物体任何其他形式的位移中，还是在轮船的运动过程中，摩擦都起到了这种作用。所有这些物体都不是靠摩擦作用向前运动的，而是靠摩擦产生势能的两个内力中的一个力作用的。

## 1.20　绳索的拉力

【题】若要将绳索弄断，可以握住绳索的两端，并朝两个方向各施加10kg 的力。如果不想采取这种方式，那么也可以先将绳索的一端固定在嵌入墙体的钉子上，然后双手对另一端施加 20kg 的力。

在第二种情况下，绳索所受的力会更大些吗?

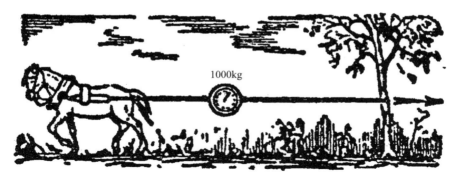

图 8 测力器显示的是马的拉力或树木的拉力，而不是这两个力的总和。

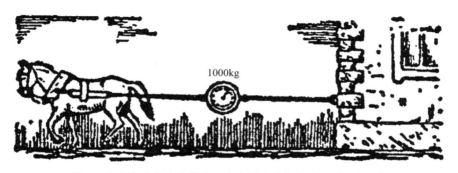

图 9 此时墙的反作用替代了弯曲树木的拉力（如图 8 所示）。

【解】无论是握住绳索的两端，朝两个方向各施加 10kg 的力，还是先将绳索的一端固定在嵌入墙体的钉子上，然后双手对另一端施加 20kg 的力，人们都会觉得，两条绳索受到的拉力会是一样的。第一种情况下，两个施加在绳索两端的 10kg 的力会产生一个 20kg 的拉力，而第二种情况下，固定的那端的拉力也会达到 20kg。

这样的分析太具有迷惑性了。在上述两种情况下，绳索的拉力是完全不相等的。第一种情况下，绳两端各受力 10kg，第二种情况下，绳两端各受力 20kg，因为此时手的力引发了相等的来自墙体的反作用力。所以，第二次绳索受到的拉力是第一次的 2 倍。

　　但是，如果同样确定那根绳索受到的拉力大小又很有可能犯新的错误。设想下，绳索被拉断后，将其任意两端系到弹簧秤上，一端系到环上，一端系到钩上。每次弹簧显示的刻度是多少？有人错误地认为，第一次的弹簧刻度会是 20kg，第二次是 40kg。但实际上两个固定在绳索两端的均为 10kg 的反方向的力产生的力不是 20kg，而总共只有 10kg。两个拉断绳索的均为 10kg 的反方向的力是什么力呢？不是别的，正是我们所称的"10kg 的力"。不存在其他的 10kg 的力，因为每个力都有两端。如果换种情况，即在我们面前的是普通的力，而非双向的，那么该力的另一"端"实际是常被忽略掉的。例如，当物体坠落时，地球引力会作用于它，这就是力的一端，另一端，即地球球体的拉力就被固定在地球的中心了[①]。

　　这样，受不同方向上 10kg 力牵引的绳索的拉力为 10kg，而受一个方向上 20kg 力牵引的绳索的拉力为 20kg（如果朝相反的方向，绳所受的反作用力也是 20kg）。

## 1.21　马德堡半球

　　**【题】** 在著名的"马德堡半球实验"中，奥特·盖里克将两个铜制半球对接在一起，再使球体内部变为真空，最后在两半球的每侧都套上了 8 匹马。如果将一个这样的球体固定在墙上，而给另一头套上 16 匹马，这种方法是否更可取呢？此时，牵引力是否会更大些呢？

　　**【解】** 弄清楚上篇文章后就容易理解了，盖里克的半球套上 8 匹马完全是多余的。完全可以用某堵墙或者某根粗壮的树干的阻力来替换马。根据作用和反作用规律，墙体的反作用力可以相当于 8 匹马的牵引力。为了

---

① 详见我所著的《趣味力学》，第一章。

增加这个力，完全可以将这 8 匹闲马套到另外 8 匹马那边（但是并不是说，此时力就会翻一倍，因为力不完全对等，双倍数量的马产生的不是双倍的力，而是大于单倍而小于双倍的力）。

用墙体的阻力来替换 8 匹马是省力的，而且不需要利用到另外 8 匹闲马，因为力的不对等情况减小了。在马的牵引力起作用时，墙体的反作用表现尤为明显，但并不能说，这是马的反作用。

## 1.22 弹簧秤

【题】成人能够拉动 10kg 的弹簧秤，而小孩只能拉动 3kg 的弹簧秤。如果两者同时向相反的方向拉一根弹簧秤，那么弹簧的指示针会指向多少呢？

【解】这个问题的错误回答是，既然成年人需要用 10kg 的力来拉动弹簧秤的环那头，而小孩用 3kg 的力来拉动弹簧秤的钩那头，那么弹簧的指示针会指向 13kg。

这个答案不正确，因为如果没有相等的反作用的话，是不可能用 10kg 的力拉动物体的。结合上述情况看，反作用力就是小孩所用的不超过 3kg 的力，因此，成年人能够用不到 3kg 的力就拉动弹簧秤。也就是说，弹簧秤的指针会停在 3kg 的刻度上。

有些人不太理解，因为他们觉得，握着弹簧秤的小孩完全没有用力拉秤，因此成年人有可能在这根弹簧秤上拉出哪怕是 1g 的力来吗？

我们发现，在任何条件下，作用和反作用的平衡从来都不会被破坏。

混淆力相等和力平衡这两个概念的类似"解释"（作用力和反作用力从来都无法平衡，因为它们施加在不同的物体上。）不但遮盖了事情的本质，还使得人们对牛顿第三定律产生了错误的理解。

## 1.23 在秤盘上蹲下

**【题】**人在刻度为十进位的秤上，时而站着，时而蹲下。在人蹲下的那一刻，刻度盘上的指针会朝哪个方向晃动：是朝上呢，还是朝下？

**【解】**虽然人在蹲下去时体重并不会发生改变，但是就此认为秤盘完全不会移动的这种想法是错误的。蹲下时施加给躯干向下的力向上托住双脚：双脚施加给秤盘的压力减小了，那么秤盘就会向上移动。

## 1.24 在气球里

**【题】**从静止在空中的气球上垂落下一截梯子（如图10所示）。有个人开始沿着梯子往上爬。

这时，气球朝哪个方向运动：朝上还是朝下？

**【解】**气球是不会静止不动的。当人在爬梯时，气球会向下沉。人从已经靠岸的小船上岸的时候，同样会出现类似的情况。这时，在人的双脚的作用下，小船会向后退。梯子也是一样，攀爬的人的双脚会将它向下压，这样气球也会朝地面坠。

至于气球上下位移的大小，可以说气球质量是人的质量的几倍，该气球的位移高度就是人爬升高度的几倍。

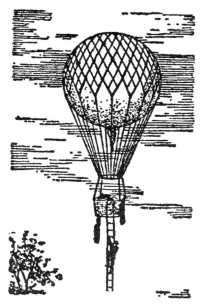

图10 气球朝哪个方向运动？

## 1.25　瓶子里的苍蝇

【题】灵敏的天平上放置一个封闭的瓶罐，瓶罐内壁停有一只苍蝇（如图11所示）。

如果苍蝇离开原位，开始在罐内飞行，那么天平刻度会发生改变吗？

【解】这个问题曾出现在一本科学杂志上，6 名工程师曾积极参与其讨论。人们提供了各种各样的论据和说法，但是解决方法自相矛盾，争论没有得出公认的答案。

图 11　关于飞行在瓶罐中苍蝇的问题。

但是，我们可以不运用方程式就分析清楚这个问题。当苍蝇离开瓶壁在空中的同一个水平面上飞行时，它的翅膀给空气施加了一个相当于其自身重量的压力，这个压力扩散到瓶底。因此，秤应该还处在苍蝇停留在瓶壁时的状态下。

在苍蝇停留在同一水平面上时，秤的状态一直不会改变。当苍蝇在瓶中上下飞行时，压力就变了，加速运动的苍蝇就处在力的作用之中。当苍蝇开始向上运动时，施加在它身上的力就朝上，而施加在瓶内空气的反作用力方向就朝下。这个扩散在瓶中的力就会使瓶子向下。而当苍蝇向下飞时，秤盘由于类似的原因应该会升起来。

这样，当苍蝇向上飞行时，秤盘下沉，而苍蝇向下飞时，秤盘就会上升。

## 1.26 麦克斯韦摆轮

【题】有一种叫"悠悠"的游戏，指的是被系在活动的带子上的一根线轴，它落下后自己会再弹上来。玩这个游戏并不是什么新鲜事了，它甚至可以追溯到《荷马史诗》中的英雄、智者，他们也曾玩过这个游戏。

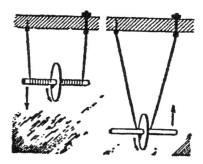

图 12 麦克斯韦的摆轮。

从力学角度来看，"悠悠"这个游戏不过是众所周知的"麦克斯韦"摆轮的变体（如图 12 所示）。一个小飞轮落下时，带动拴在其上的轴线一起运转，逐渐获取了一个很大的旋转力，以至于轴线伸展至底端后继续旋转，因此重新带动了飞轮向上运动。在上升过程中，由于动能转化为势能，飞轮旋转越来越慢，最后停止运动重新开始旋转下落。飞轮的起落能重复多次，直到最初的能量在摩擦中以热的形式消耗掉。

在这里描述"麦克斯韦"的实验材料，是为了提下面这个问题：

将麦克斯韦摆轮的轴线固定在弹簧秤上（如图 13 所示）。那么当小飞轮上下舞蹈时，弹簧秤上的指示针会发生什么变化呢？会保持不动吗？如果变化，指针又会朝哪个方向移动？

【解】计算得出的结果令人感到意外，

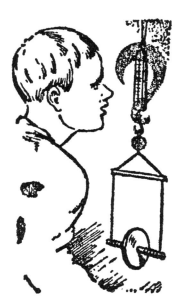

图 13 弹簧秤会如何显示？

但是实验表明这个结果是正确的。当飞轮向下运动时，轴线不是受到飞轮全部重量的拉力，所以弹簧秤的指针不会上升。在整个过程中，指针都处在一个微微翘起的状态下，直到飞轮落下。

在飞轮上开直至最高点（此时飞轮像瞬间时静止）的过程中，指针一直都保持这种状态。只有在飞轮处于运动路线最低点时，指针在刻度上的显示才会减小，到下一时刻则又恢复到原先状态。

以下是对上述结论的论证。首先来看看飞轮向下的运动就是一个匀加速运动，这个加速度要比自由落体加速度小些。由能量守恒定律我们可以得出这样一个等式：

$$mgh = \frac{mv^2}{2} + \frac{k\omega^2}{2}$$

这里的 $m$ 表示飞轮质量，$g$ 表示自由落体加速度，$h$ 表示飞轮落下的高度，$mgh$ 表示势能转化平移运动的动能 $\frac{mv^2}{2}$ 和旋转运动的动能 $\frac{k\omega^2}{2}$，$v$ 表示渐进运动的速度，$w$ 表示转换运动的角速度，$K$ 表示飞轮的惯性力矩，因为飞轮的旋转运动能量是它平移运动能量的几分之一，所以我们可以用某个大小 $qmv^2$ 来代替等式的右边部分，这里的 $q$ 是一个抽象数（或者说是一个单位），它只受飞轮的惯性力矩 $K$ 决定，因此，在飞轮运动过程中 $q$ 不会改变。那么就有

$$mgh = qmv^2$$

可得

$$v = \sqrt{\frac{gh}{q}} = \frac{1}{\sqrt{q}} = \sqrt{gh}$$

将得到的这个结论同自由落体的公式作下比较：

$$v_1 = \sqrt{2gh} = \sqrt{2} \cdot \sqrt{gh}$$

我们看到，飞轮在每个点的下落速度总是相等的，即自由落体速度的几分之一：

$$\frac{v}{v_1} = \frac{1}{\sqrt{q}} : \sqrt{2} ; \quad v = \frac{v_1}{\sqrt{2q}}$$

另外，我们知道，自由落体的速度 $v_1$ 同它的持续时间 $t$ 之间有这样一种关系：

$$v_1 = gt$$

也就是说，

$$v = \frac{gt}{\sqrt{2q}} = \frac{g}{\sqrt{2q}} \, t = at$$

这表明，飞轮以匀加速度运动下落，加速度为 $a$，等于 $\frac{gt}{\sqrt{2q}}$。因为 $q > 1$，那么 $a < g$。

同样，我们也可以证明，飞轮的上升是通过匀减速的运动完成的，这个加速度同样是（无论是大小还是方向）$a$。

确定了加速度的大小后，就可以知道飞轮轴线在飞轮上升和落下运动中所受的拉力了。因为飞轮受小于它重量的力作用向下运动，那么很明显，它就受到某个向上的力 $f$ 的牵引，$f$ 等于飞轮重量 $mg$ 和牵引飞轮运动的力 $ma$ 的差：

$$f = mg - ma$$

这也是轴线的拉力。由此可得，在飞轮下落时弹簧秤的指针应该高于飞轮的重量刻度。

当飞轮向上运动时，轴线的拉力应该就用我们得出的飞轮下降公式来表示：

$$f = mg - ma$$

也就是说，无论飞轮是上升还是下降，弹簧秤指针保持不变。

等式 $f = mg - ma$ 在飞轮运动到最高点时仍然成立：自上而下运动时，指针状态不会受到影响。

相反，在飞轮运动到最低点时，绳子猛地一拽，指数会瞬时间下降。

出现这股拉力的原因是，此时的飞轮将绳子解开到末端后，从一个方向转入另个方向。飞轮当时悬在绷紧的绳上，附着点不仅传送其全部的重量，还沿着小半径的弧形传送飞轮轴运动的离心力。弹簧指针的刻度将低于整个飞轮重量所称出的刻度。

## 1.27 火车上的木工水平仪

**【题】** 能否在运行的火车上利用木工水平仪（带有气泡）来确定路面的倾斜度？

**【解】** 火车在运行时，水平仪上的气泡从中心不时地朝两端移动。通过这种特征来判断路面的倾斜度需要非常细心，因为并不是每次气泡的运动都能说明路面发生了倾斜。即使火车处于非常水平的地段，出站时加速和刹车时减速的过程中，水平仪中的气泡都会向两侧移动。只有在火车匀速行驶，没有加速的情况下，水平仪才会正常显示出路面起伏。

为了便于理解，我们来看看示意图。图 14 中，假设 AB 是水平仪，P 是在静止火车中水平仪的重量。火车在水平面上沿箭头 MN 所指示的方向加速前行。水平仪下的基座向前滑行；那么水平仪就会沿着地面向后滑动。在示意图中，吸引水平仪在水平方向上向后移动的力表示为矢量 OR。P 和 R 这两个力的合力 Q 挤压水平仪，使其贴近基座，对于液体来说，就相当于重力在起作用。水平仪的铅垂线如果指向 OQ，那么，水平面就会暂时在 HH 区间内移动。很明显，铅垂线上的气泡就会朝 B 端移动，而相对于新的水平面来说，此时的 B 端已经微微翘起。在相当水平的路面上才可能发生上述情况。如果处在坡面，那么随着坡度及火车加速度的变化，水平仪有可能会错误地显示路面的起伏状况。

当火车开始刹车时，力的分布就发生改变了。此时（如图 15 所示），基座平面会"落后"于水平仪；吸引水平仪向前运动的力 R' 开始作用到水平仪上；如果没有摩擦力，这个力就会使得水平仪滑向火车的前壁。R' 和 P 这两个力的合力 Q' 这时会向前运动；尽管此时火车在水平面上行驶，水平面会暂时在 H'H' 区域内位移，而气泡也会向 A 端靠拢。

简单地说，如果加速度存在，水平仪中的气泡会偏离中间的位置。水平仪在水平面上显示火车加速和减速运动时的起伏。只有加速度（正的或负的）消失，水平仪才会显示正常的指数。

在测量路面的横向倾斜度时，也不能依靠运行火车中的水平仪来判断。因为在道路的弧形转弯处由重力产生的水平离心力会导致水平仪显示错误。（有关内容详见《趣味力学》第三章）。

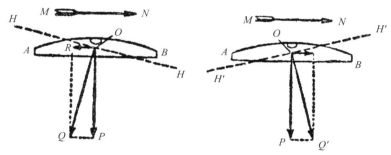

图 14-15　运动车厢中木工水平仪上气泡的误差。

## 1.28　蜡烛火焰的偏移

【题】（1）在房间里将燃烧着的蜡烛从一个地方挪到另一个地方，我们发现，在运动初始火焰会向后飘摇。如果将蜡烛置于一盏封闭的灯笼里，再挪动位置，火焰会向哪个方向偏移呢？

（2）如果伸出一只手绕灯笼匀速画圈，那么灯笼中蜡烛的火焰会向哪个方向偏移呢？

**【解】**（1）有些人认为，移动灯笼时，置于封闭灯笼中蜡烛的火焰根本不会发生偏移。然而，这种观点是错误的。火焰会向前偏移，因为相对于周围的空气来说，火焰的密度更小。同样一个力会施加给质量小的物体更大的速度，反之亦然。因此，灯笼中火焰的速度比空气快，它在运动时会向前偏移。

（2）同样的原因（即火焰密度比周围空气要小）也可以用来解释：假设灯笼做圆周运动，那么火焰又会发生什么变化呢？有一点是可以预见到的，那就是火焰会向里而不是向外偏移。要理解这种现象，只要回想下在离心机中旋转的球体内水银和水的分布情况就可以了。相对于水来说，水银分布在离旋转轴心更远的位置；如果将与旋转轴心相背的方向（也就是在离心力作用下物体"落"去的那个方向）视为"下方"的话，那么后者就会漂浮到水银上。在灯笼做圆周运动时，相对于周围空气来说密度较小的火焰会"漂"到空气的"上方"，即同旋转轴心的方向。

## 1.29　被折断的杆

**【题】** 一根中心受到支撑的均质的杆处于平衡状态（如图 16 所示）。如果将杆右边的一半截取下来叠加到剩下的那部分上，那么杆的哪部分会更重些（如图 17 所示）？

**【解】** 如果有读者怀疑这个问题是个圈套并准备回答："折断的杆仍然保持平衡。"的话，那么他就大错特错了。乍一看，可能都会认为，杆的两半重量相等，两边应该是平衡的。但是难道杠杆上同样的重物总是均等的吗？杠杆上重物均等的条件是，它们的长短比例和力臂比例成反比关系。杆没被折断之前，杠杆的力臂是相等的，因为每半的重量都依附在其中心点上（如图 18 所示）；此时它们相等的重量是平衡的。但是当右半边杆被折断后，杠杆右边的力臂是左边力臂的二分之一。而正因为杆两半边的重量相等，它们此时就不再均等了：左边部分会更重些，因为它的重量依附在离右边部分支点两倍远的那个点上（如图 18，下）。这样，杆没有被折断的部分会比折断的那部分重。

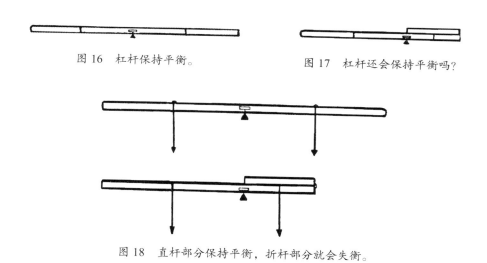

图 16　杠杆保持平衡。　　　　　　　　图 17　杠杆还会保持平衡吗?

图 18　直杆部分保持平衡，折杆部分就会失衡。

## 1.30　两根弹簧

【题】如图所示（如图 20 所示），如果将杆 CD 保持在这种倾斜状态下，那么这两根弹簧秤上哪根显示的负荷会更大些呢?

【解】两根弹簧所承载的负荷会是一样的。将砝码 R 的重量分置到 P 和 Q 这两个力上（这两个力分别依附在点 C 和点 D 上）。因为 MC=MD，而 P=Q。杆的倾斜状态不会破坏这些力之间的平衡。

同理，人们经常对于搬家具上楼梯的两个人所受的负荷给出错误的判断。比如，两个人抬柜子上楼时，人们习惯性地想，后面一个人所受的负荷要比前一个人重。因为托在手上或者扛在肩头的柜子似乎是向下倾斜的。

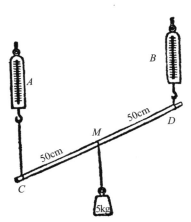

图 19 哪根弹簧秤所受负荷更大?

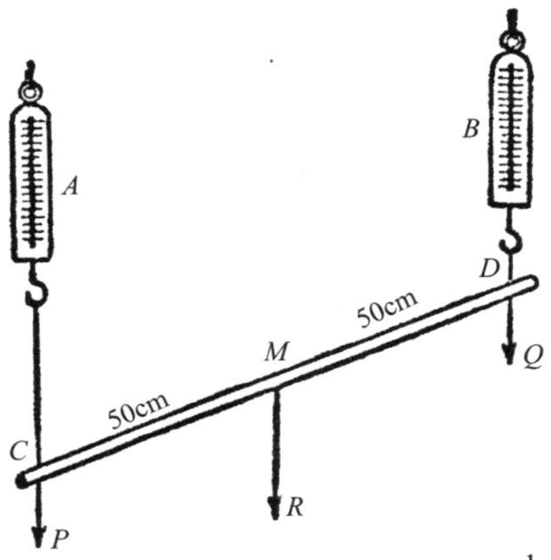

图 20 两根弹簧的拉力相同,因为 $P=Q=\dfrac{1}{2}R$。

但事实上,力的方向是垂直的,所以承受在两个人身上的负荷是一样的。

## 1.31 杠杆

**【题】**将手柄 *ABC* 折弯,如图 21 所示。手柄支撑点在 *B* 点上。如果想用最小的力摇起 *A* 点,那么这个力应该朝哪个方向使,才会更容易地作用到手柄的末端 *C* 点上。

图 21 弯曲杠杆的问题。

【解】力 $F$（如图 22 所示）的方向应该同 $BC$ 线保持直角关系。因为这时该力的力臂会最大，只用最小的力就能获得所需的静态力矩。

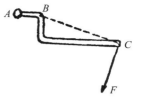

图 22 解决弯曲杠杆的问题。

## 1.32 在秤盘上

【题】重60kg的人站在30kg的秤盘上。秤盘吊在缠绕着滑轮的绳子上，如图 23 所示。人要用多大的力拉绳子的 $a$ 端，才能保证秤盘不下滑？

【解】下面的论述可以确定出所需力的大小。

高处的滑轮受到两根绳的拉力，这个拉力的总大小等于人和秤盘的重量之和，即 90kg。绳 $c$ 和绳 $d$ 的拉力大小相等，即各为 45kg。承受住低处滑轮的 45kg 的力又等于绳 $a$ 和绳 $b$ 的拉力之和；每根绳的拉力就等于 22.5kg。

这样，所求的绳 $a$ 的拉力等于 22.5kg。如果要保证秤盘不下落，人应该对该绳施加一个这样的力。

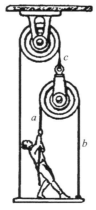

图 23 人需要多大的拉力才能保证秤盘不下滑？

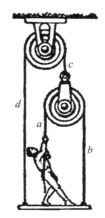

图 24 回答问题 32。

## 1.33 垂弛的绳子

【题】要用多大的力拉绳子，才能将绳子绷直（如图 25 所示）？

图 25 这样可以将绳子拉直吗?

【解】不管用多大的力拉绳子，绳子都会不可避免地垂弛着。让绳子保持垂弛状态的重力的方向是垂直的，而对于这根绳子来说，它不具备垂直方向上的拉力。那么，不管处在何种情况下，这两个力都不可能平衡，即它们的合力不可能为零。这种合力就让绳子一直保持垂弛状态。

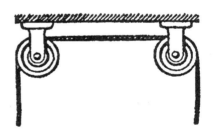

图 26 为了使绳子不垂弛，不能像这样拉绳子。

无论用多大的力，都不可能把绳绷直（除非这个力的方向是垂直的）。垂弛是不可避免的。我们可以把这种程度减小到理想状态，但是不能让它完全绷直。这样，每根非垂直方向上绷直的绳子，每根传送带都应该是垂弛着的。

同理，我们在拉吊床（如图 27 所示）时，也不可能把吊床的绳子绷成水平状。只要人一躺上去，拉满的吊床金属丝网就会弯曲。

图 27　不能将吊床拉至水平状态。

## 1.34　被困的汽车

【题】用下述办法可将下陷进凹坑的汽车拉拽出来：用一根结实的长绳将汽车牢牢地拴在路边的树上，然后将绳子向其直角方向拽。这样，汽车就会挪动了。

上述方法的依据是什么呢？

【解】一个人的力量足以拉动一辆重型汽车，而且只需要通过下述原始的方法就能做到：用一个与绳子成直角方向的力去拉绳子，无论施加的力有多小，绳子都会受到这个力的作用。这和绷直的绳子被拉弯是一个道理。

此时产生的力如图 28 所示。人的拉力 *CF* 分解成两个沿绳子方向上的力 *CQ* 和 *CP*。如果树桩足够粗壮，那么力 *CQ* 就能牢牢地牵引它并且同树桩的阻力相抵消。而力 *CP* 就会拉动汽车，因为这个力比力 *CF* 要大得多，它可以将汽车从凹坑中拽出来。∠*ABC* 这个角度越大，即绳子绷得越紧，这个力越有可能拽动汽车。

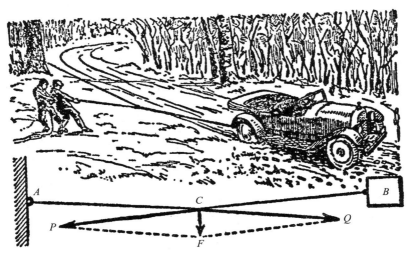

图 28　如何将汽车从凹坑中拽出来。

## 1.35　摩擦力和润滑剂

【题】大家都知道，润滑剂有助于减小摩擦。那么大概能减小多少呢？

【解】使用润滑剂后，摩擦力为原来平均摩擦力的十分之一。

## 1.36　掷向空中和沿着冰面

【题】用哪种方法可以将小冰块掷得更远：是投掷向空中，还是让其沿冰面滑行？（如图 29 所示）

【解】可能有人会认为，因为空气阻力要比冰面的摩擦力小，所以在

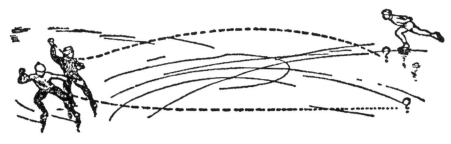

图29　被抛出的冰块和沿冰面滑行的冰块。

空中飞行的物体比在冰面滑行的物体要滑得远些。这个结论是错误的：因为这个结论没有考虑到，在重力作用下，被掷出去的物体总是趋向地面的，因此该物体不可能被掷得很远。为简化运算，我们把空气阻力视为零。的确，对于人用手将物体掷出去时所施加给物体的速度来说，这个阻力是极其微小的。

如果在真空中与水平面形成一个角度扔掷物体，那么当这个角度达到45°时，物体所飞行的距离最远。关于这一点，力学教程中已经得出结论，物体飞行的距离可以用下面的公式来表示：

$$L = \frac{v^2}{g}$$

这里的 $v$ 是初速度，$g$ 是重力加速度。如果物体沿着另一物体表面滑行（上述情况是冰块沿着冰面滑行），那么该物体受到的动能 $\frac{1}{2}mv^2$ 在克服阻力 $f$ 做功的过程中慢慢消耗，其中 $f = kmg$，$k$ 是摩擦系数，$mg$ 是物体重力，即物体质量乘以重力加速度。摩擦力在 $L'$ 路面上所做的功等于

$$kmgL'$$

由上面的方程式得

$$\frac{1}{2}mv^2 = kmgL'$$

那么小冰块所滑行路面的长度

$$L' = \frac{v^2}{2kg}$$

冰块对冰面的摩擦系数等于 0.02，那么

$$L' = \frac{25v^2}{g}$$

同时，滑行距离等于 $\frac{v^2}{g}$，是它的 $\frac{1}{25}$。

那么，将冰块扔掷到冰面上，它所滑行的距离是在空中飞行距离的 25 倍。

如果考虑到以下情况的话，即被掷向空中的冰块在掉落后继续运动，那么冰面滑行距离和空中飞行距离之间的差别就没有这么大了；但是即使是在这种情况下，还是前者的距离远些。

## 1.37 物体降落

【题】最初静止的物体做自由落体运动，在怀表"嘀嗒"一声的这段时间内，物体所经过的路程有多长？

【解】常认为，怀表"嘀嗒"一声就是一秒钟，但实际上只有 0.4 秒。因此，在这段时间内物体降落所经过的路程为

$$\frac{9.8 \cdot 0.4^2}{2} = 0.784\text{m}$$

即，约为 80cm。

## 1.38 延迟跳伞

【题】1934 年世界跳伞运动纪录的保持者，跳伞健将艾弗德基莫夫曾给我写过几封信，质疑过延迟开伞这一问题。他曾在未开伞包情况下，在 142 秒钟内滑落了 7900$m$，然后猛拉了伞环。事实上，这是同自由落体定

律相违背的。有一点很容易证实，如果跳伞运动员自由滑落 7900m 的路程，那么所耗费的时间应该不是 142 秒，而是 40 秒。如果他自由下落了 142 秒，那么所走的路程应该不是 7.9km，而应该约为 100km。如何解决这对矛盾呢？

**【解】** 这对矛盾可以这样解释：未打开伞包时的降落被误认为是没有受到空气阻力影响的自由落体。然而这种降落实际上同没有阻力情况下的降落是两回事。

我们来尝试着尽量真实地回放一下延迟开伞降落时的情况。为便于计算，我们会用到下面这个考虑过多种情况后根据实验得出的近似准确的空气阻力 $f$ 的大小公式：

$$F = 0.03v^2 \text{kg}$$

这里的 $v$ 是一秒钟内物体降落数米的速度。如上所示，阻力同速度的平方成正比；随着跳伞运动员下降速度不断增加，阻力一定会在某个时刻等于物体重量。而此时下降的速度不再增加；下降的状态由加速变为匀速。

对于跳伞运动员来说，只有在他的体重（连同伞包一起）等于 $0.03v^2$ 时，才会出现上述情况；假设负重的跳伞运动员重 90kg，那么得出这样一个等式：

$$0.03v^2 = 90$$

由此
$$v = 55m/s$$

这样，当速度达到 55m/s 时，跳伞运动员才不会加速降落。这是他降落时的最大速度，接下来速度就不再增加了。下面我们再近似准确地计算一下，要用多少秒，跳伞运动员才能达到这个最大速度。考虑到降落最开始的速度还很小，空气阻力可以忽略不计，物体类似于自由落体，即加速度为 $9.8m/s^2$。在加速运动的最后一段路程里，物体保持自由落体状态，加速度等于零。如果我们近似精确地计算平均加速度，那么

$$\frac{9.8+0}{2}=4.9m/s^2$$

如果秒速度达到每秒 4.9 米，那么在这个速度下，达到 $55m$ 所需要的时间

$$55:4.9=11s$$

物体在这种加速度的情况下，11 秒内所走过的路程 $S$ 等于

$$S=\frac{at^2}{2}=\frac{4.9\times11^2}{2}\approx300m$$

现在来解释下艾弗德基莫夫降落的真实情况。最初的 11 秒内，他保持以逐渐变小的加速度降落，一直到速度达到 $55m/s$，此时所走的路程约为 300 米。延迟跳伞后，他以 $55m/s$ 的速度匀速下落。根据我们近似精确的计算，这个匀速运动的时间长度为

$$\frac{7900-300}{55}\approx138s$$

而整个延时跳伞为

$$11+138=149s$$

这个时间和实际所用时间（$142s$）的差距不大。

我们最初计算得出的数据只能被看作是对实际情况最粗略的反映，因为这个数据的得出是建立在一系列简化的假设情况下的。

现在同实验得出的数据进行下比较：如果负重跳伞运动员总重 82kg，那么跳伞第 12 秒钟时，即降落了 425m-460m 时，速度最大。

## 1.39　朝哪个方向扔瓶子?

【题】从运行的车厢中扔出一个瓶子，如果要保证瓶子在落地瞬间破碎的危险性最小，那么应该朝哪个方向扔呢?

【解】因为我们习惯了这样的观点，从运动的火车中跳出时，顺着火车

运行的方向朝前跳更安全些，所以认为把瓶子朝前扔，瓶子落地时受到的力会更小。这种看法不对：反倒是应该把东西朝后扔，即与火车运行方向相反。瓶被扔出去的瞬间所获取的速度将不会受到惯性的影响；因此，瓶接触地面时，速度最小。而把瓶朝前扔时，结果恰恰相反：速度就会变大，而与地面的撞击力也会更强。

而对于人来说，还是朝前跳更安全。相对于朝后跳来说，人受到的伤害更小。

## 1.40 抛出车外

【题】在哪种情况下从车厢中扔出的物体更早落地：是车厢保持静止时还是运动时？

【解】应当指出，重力不仅作用于自由降落（不带有初速度）的物体，还作用于被抛出时（无论哪个方向）带有一定初速度的物体。对于这两个物体来说，降落加速度是一样的，因此它们会同时落地。也就是说，无论火车运动还是静止，抛出的物体都会在同一段时间内落地。

## 1.41 三枚炮弹

【题】三枚炮弹从同一个点以同一速度朝不同角度发射：分别为 30°，45°，60°。他们所走过的路线（在无阻力的情况下）如图 30 所示。

这幅图正确吗？

【解】示意图 30 有误。从 30° 和 60° 这两个角度发射出的炮弹飞行距离应该是一样的（只要是从任意两个互补角度发射出的炮弹飞行距离都是一样的）。示意图 30 中这点没有反映出来。

至于从 45° 发射出的炮弹，示意图 30 显示的是正确的，即此时炮弹的距离最远。这段最远的距离是弹道最高点到地面距离的四倍，图 30 中同样也有反映（近似）。附正确的示意图 31。

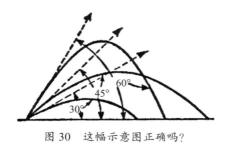

图 30 这幅示意图正确吗?

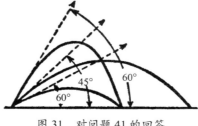

图 31 对问题 41 的回答

## 1.42 物体被掷出后所经过的路径

【题】在无空气阻力的情况下，与水平面成一定角度被抛出的物体会形成一条什么样的曲线?

【解】很多学者在著作中都一致认为，真空中被掷出的物体沿抛物线运动。抛物线的弧线只是对物体真实弧度的近似描绘，对此很少有人会质疑；不过这只在下述情况中存在：被掷出去物体的初速度不大，物体离地表不远，由于重力而减小的速度可以暂时忽略。如果被抛出去的物体在空中的重力保持不变，那么它所走过的路径则是一个严整的弧形。而在现实条件下，根据逆平方定律，吸引力随着距离的减小而减小，抛出去的物体应该符合开普勒第一定

图 32 真空中，与水平面的一定夹角抛出去的物体沿埃利普斯弧线运动，该弧线的焦点 F 是地球的中心。

律——即沿焦距位于地球中心的椭圆运动。

因此，严格来说，任何与水平面保持一定角度被抛出去的物体在真空中都不是沿着抛物线弧形运动，而是沿着椭圆弧形运动。就现代炮弹速度来说，两条弹道之间的差异是非常微小的。但是今后的技术还会深入到为大型液体火箭提速的层面，而大气层外的火箭轨道就更无法定义为抛物线了。

## 1.43　炮弹的最大速度

【题】炮兵们很肯定地认为，炮弹的最大速度并不在炮身内，而在炮身外，即炮弹离开弹槽之后。

实际是这样的吗？

【解】只要炮弹后面的火药气体对它施加的压力大于前面的空气阻力，炮弹的速度就会一直增加。在炮弹射出弹槽之后，火药气体仍会对炮弹施加压力：气体继续推压炮弹向炮管外运动，这个力最初大于空气阻力，因此，炮弹速度在一段时间内还会继续提高。只有当气体在自由空间内开始扩散，炮弹所受压力才会减小，并逐渐小于空气阻力，相对于后面来说，炮弹受到的来自前面的阻力更大，此时，炮弹的速度就开始减小了。

这样，炮弹的确不是在炮管内，而是在炮管外运动时（离开炮口的若干距离之后），即当炮弹已经射出炮管后经过一段距离之后，获得了自身的最大速度。

## 1.44　跳水

【题】高空跳水对身体有害（如图33所示），主要原因是什么呢？

【解】从比较高的地方跳水很危险的主要原因是，降落时积蓄起来的速度会在极短的路程内骤减到零。
举个例子，如果跳水者从 10m 高
的跳台跳入 1m 深的水中，那么
他在 10m 路程里自由落体积蓄起
来的速度就会在 1m 内的区间内
消失。跳水时的负加速度应该是
自由落体时加速度的 10 倍。因
此，跳水者跳水时受到的是向下
的压力，这个压力由重力产生，
相当于原有压力的十倍。换言之，
跳水者的体重好像重了 10 倍，不
再是 70kg，而是 700kg。这样一个重物即使是在短时间内起作用（跳水过

图 33　为什么这样跳水对身体有害？

程中），也会给机体造成严重损伤。

　　由此我们得出，如果要减少跳水带来的负面影响，应该保证泳池的水
够深；下降时积蓄起来的速度在尽可能长的路程中挥发掉，加速度（负）
就会更小些。

## 1.45　位于桌沿上

　　【题】球被置于桌子的边缘，桌面与铅垂线严格垂直，且铅垂线穿过桌
面的中心（如图 34 所示）。在没有摩擦的情况下，球会保持静止吗？

　　【解】如果铅垂线垂直穿过桌面的中心，那么很明显，桌沿和桌面中心
相比，前者离地心更远，或者说更高（实际上两者之间的差别并不是特别
大）。如果不考虑摩擦，平面也完全平滑，那么球应该从桌沿滑向桌心。但
是，球不会停下来，因为积蓄起来的动能会将球吸引到那个和最开始的点

图 34　球会保持静止状态吗?

图 35　初看这幅图，谁也不会想到，
球会向桌心滚动。

处于同一水平面的点上去，即另一边的桌
沿。然后，球会重新滚到最初的位置上，
如此循环往复。简言之，如果不存在桌面
的摩擦力及空气阻力，置于完全光滑桌面
边沿的球就会无休止地运动（图 36）。

基于这个原理，一个美国人设想过发
明出永动的东西来。如果能够摆脱摩擦力，
理论上说他的方案是完全正确的，而且永

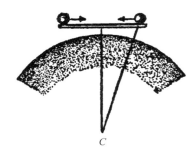

图 36　但是从这幅示意图中就
可得知，球不会处于静止状态
（不考虑摩擦的情况下）

动也是完全可行的，如图 37 所示。然而，用更简单的方法似乎也可以实现
永动，即借助于绳上晃动的重物：如果不考虑支点上的摩擦力（及空气阻
力），这个重物就能永久晃动[1]。但是类似的装置是不能做功的。

最后我们看看一个具有借鉴意义的反方观点。这观点是由一名读者提
出的，他认为我们的论述混淆了两个角度问题：几何角度和物理角度。读

---

[1] 巴黎天文台曾经在支点摩擦力最小的情况，做过一个真空摆锤试验：摆锤晃动
了 30 个小时。人们感兴趣的是，挂在伊萨基耶夫教堂楼上 98 米高的摆锤是如何慢
慢停下来的。最初 12 米的摆幅经过 3 小时后会减小为原来的十分之一。开始观察 6
小时后，摆幅又会缩减为 6cm，9 小时后只剩 6mm。开始观察 12 小时后，裸眼基
本就看不出摆幅了。

者解释说，从几何角度看，我们认为
太阳光线在球体表面是聚焦的，而从
物理上来看，我们认为这些光线是平
行的。同理，在我们的实验中，两条
同时穿过地球相距为 1m 的铅垂线从
几何上来说是穿过了地心，但是从物
理上来说应该是平行的。而由于吸引
球从桌沿向桌心运动的力从物理上
来说等于零；所以不可能观察到任何
滚动。

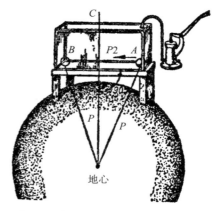

图 37  "永动机"的一种方案设计图。

反方意见有误。不难计算得出，两条相距为 1m 穿过地球的铅垂线之
间构成了一个角度，这个角度是指向那些点的太阳光线角的 23000 倍。而
那个使球体从桌沿（桌长 1m）滚动起来的力的大小约为球体重量的千万
分之一。实验室条件下，即完全不考虑阻力的情况下，无论物体质量多大，
任何一个很小的力都能推动该物体运动。何况在上述情况下，这个力并不
小：它类似于一个能引发海潮的力；即使是在现实情况下（即考虑阻力），
后一个力也能明显地发挥出它的作用。

## 1.46  在坡面上

【题】如图 38 所示，处于 $B$ 状态下的方木克
服摩擦，沿着坡面 $MN$ 滑动。那么，如果将方木
置于 $A$ 状态下，在没有外力推动的情况下，它
还能滑动吗？

【解】有人错误地认为，处在 $A$ 状态下方木

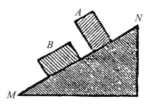

图 38  方木滑动的问题。

对支撑面施加了更大的单位压力，而受更大摩擦力。摩擦力的大小不取决于所接触表面的大小。因此，如果在状态 $B$ 下方木能克服摩擦而滑动，那么它也就能在状态 $A$ 下滑动。

## 1.47　两只球

【题】（1）A 点（如图 39 所示）距水平地面的高度为 $h$，从 $A$ 点同时运动两只球：一只沿坡面 $AC$ 滚动，另一只沿垂直线 $AB$ 自由落体。

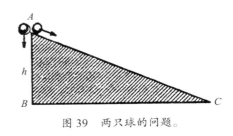

图 39　两只球的问题。

最后，哪只球获得的平移速度更大些？

（2）有两只一模一样的球，一只沿坡面滚动，另一只沿着两片平行的三角木板滚动（如图 40 所示）。上述两种情况中，坡面的倾斜角以及运动的高度都是一样的。

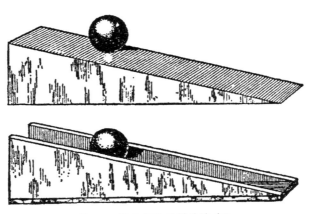

图 40　哪只球滚动得更快些？

哪只球会更早到达坡面的底端?

【**解**】(1)解决这个问题时,人们常常会犯大错误:因为没有考虑到垂直落下的球只做平移运动,而作为一只沿平面滑动的球除了做平移运动外还会做旋转运动。即使是一些中学教科书也会出现这种疏漏。

上述状况会给滑动物体的速度带来什么影响,下面的演算会告诉你答案。

处在斜坡朝上的位置给球所带来的势能在垂直下落时全部转化为平移运动的能量,由公式

$$ph = \frac{mv^2}{2}$$

或将球的重力 $p$ 替换成球的质量和重力加速度 $g$ 的乘积,即等式

$$mgh = \frac{mv^2}{2}$$

容易得出,最后该球的速度 $v$

$$v = \sqrt{2gh}$$

这里的 $h$ 是斜坡的高度。

再来看看沿坡面下滑的球。此时,同一势能 $ph$ 转化为两个动能之和:一个是速度为 $v_1$ 的平移运动能量,另个是角速度为 $w$ 的旋转运动的能量。前者的大小等于

$$\frac{mv_1^2}{2}$$

后者等于球体惯性力矩 $K$ 的一半乘以球的角速度 $\omega$ 的平方:

$$\frac{K\omega^2}{2}$$

因此,得等式

$$ph = \frac{mv_1^2}{2} + \frac{K\omega^2}{2}$$

根据力学教材我们得知，质量为 $m$，半径为 $r$ 的均质球体的惯性力矩 $K$ 相对于通过中心的中轴线来说等于 $\frac{2}{5}mr^2$。进一步就不难计算出，这个平移速度为 $v_1$ 的球的角速度 $\omega$ 等于 $\frac{v_1}{r}$。因此，旋运动的能量为

$$\frac{K\omega^2}{2} = \frac{1}{2} \cdot \frac{2}{5}mr^2 \cdot \frac{v_1^2}{r^2} = \frac{mv_1^2}{5}$$

此外，如果将等式中的球的重力 $p$ 替换成和它相等的表达 $mg$，那么

$$mgh = \frac{mv_1^2}{2} + \frac{mv_1^2}{5}$$

或简化后得

$$gh = 0.7v_1^2$$

由此得出，平移速度为

$$v_1 = \sqrt{2gh} \cdot \sqrt{\frac{5}{7}} = 0.84\sqrt{2gh}$$

将这个速度同垂直降落的最后的速度（$v = \sqrt{2gh}$）相比较，可以看出它们之间的差异是很大的：在路的末端或者在任何一点上，将滚落的球（无论半径和质量）和从此高度上自由落体的球做对比，前者的速度比后者的速度都要小 16%。

而将沿着坡面滚动的球同沿着同一高度上平面滑行的物体相比，很容易就确定，前者的速度在路径的任何一个点上都比后者的速度小 16%。

滑动的球在不考虑摩擦力的情况下会比滚动的球体要早些到达坡底

图 41　从平行三角木板间滚下的球

（时间少16%）。对于垂直落下的物体来说也是这样：在时间上，它到达坡底所费时间应该比滚动的球少16%。

了解物理史的人都知道，伽利略就是将球体放到坡槽（长度约6米，高处约0.5米～1米）中做实验，从而确立了物体落体定律。就此可能有人会怀疑伽利略所选择的路径是否正确。但是只要考虑到下述情况，这个疑虑就会打消了。滚动的球在平移过程中，它的加速度是不变化的，因为在坡槽的每个点上，它的速度都是同一水平面上垂直下降球体速度的0.84。所经过的路程和时间之间的关系式同自由降落的物体是一样的。因此，伽利略才能够借助坡槽实验正确地得出物体落体定律。

他曾写道："我发现，如果把球体放入原槽长四分之一的槽内，那么所耗费的时间正好等于原来时间的一半……重复实验一百次，我发现所经过的路程之间的比总是时间比的平方。"

（2）下面来解决第二个问题，首先我们发现，两个球体最初的势能重量是一样的，因为它们质量相等，而且它们也是从同一高度上落下的。此外应该指出的是，拿木板间运动的球和沿着平面滚动的球相比较，前者碾出的圆圈形的半径要比后者小（$r_2 < r_1$）。

对于沿平面滚动的球来说，我们可以得出和第一个问题同样的结论：

$$ph = \frac{mv_1^2}{2} + \frac{K\omega_1^2}{2}$$

对于木板间运动的球体来说，

$$ph = \frac{mv_2^2}{2} + \frac{K\omega_2^2}{2}$$

代入

$$\omega_1 = \frac{1}{r}; \quad \omega_2 = \frac{v_2}{r}$$

得

$$\frac{mv_1^2}{2} + \frac{Kv_1^2}{2r_1^2} = \frac{mv_2^2}{2} + \frac{Kv_2^2}{2r_2^2}$$

换算后得

$$v_1^2 = \left(\frac{m}{2} + \frac{K}{2r_1^2}\right) = v_2^2\left(\frac{m}{2} + \frac{K}{2r_2^2}\right)$$

$$\frac{v_1^2}{v_2^2} = \frac{\dfrac{m}{2} + \dfrac{K}{2r_2^2}}{\dfrac{m}{2} + \dfrac{K}{2r_1^2}}$$

因为我们之前就已知 $r_2 < r_1$，那么右边分数的分子要大于分母，所以 $v_1 > v_2$；沿平面运动的球要比在木板间运动的球快，而且也更早到达坡底。

## 1.48 两个圆柱体

【题】两个圆柱缸，重量和外表完全相同。一个是纯铝制的，另一个中心用软木填充，外壳是铅制的。用纸分别将两根圆柱严密地包裹起来。

请问如何才能分辨出，哪个圆柱的材料是同质的，哪个又是混合材料制成的？

【解】这个问题由来已久。我是在奥扎纳姆的《数理娱乐》这本书中发现，这个问题还曾这样提出过：

"假设有两只球：一只是纯金的，另一只是镀金的银制实心球，两只大小重量相同；可以将金银两球区分开吗？"

奥扎纳姆说，尽管古代数学难题的出题人都认为这个问题不可能解决，但是他觉得区分两只球的方法是存在的。"我在铜板上凿一个圆形窟窿，让两只球都能够很容易紧密地陷在其中。然后我用高于沸水的温度来分别加热两只球。由于银比金更容易膨胀，我就观察，看看哪只球的膨胀力更大些，能够先挤进这个窟窿，那么它就是银球"。

这种方法理论上说是正确的，但是很明显，对于我们来解决被纸包裹起来的圆柱问题就不再适用了。不过这个问题也是利用相同的原理解决的。

对上个问题（1.47）的分析为我们解决该问题提供了思路。不难猜到，要区分出圆柱的最简单办法就是利用两者惯性力矩的差异；均质铝制圆柱和混合质地的圆柱的惯性力矩不同，因为后者的大部分质量都集中在外缘上。根据这一点，如果让两只圆柱从斜坡上滚落下来，我们就可以发现，他们的平移运动速度是有差别的。

根据力学原理，相对于纵轴来说，均质圆柱的惯性力矩 $K$ 等于

$$K = \frac{mr^2}{2}$$

而计算非均质圆柱就复杂一些。首先得确定软木圆柱体部分的半径和质量。将所求半径设为 $x$，整只圆柱的半径仍是 $r$，圆柱高度是 $h$，而且需要指出的是，材料的密度相应为

软木　　　　0.2

铅　　　　　11.3

铝　　　　　2.7

可得下列等式：

$$0.2 \bullet x^2h + 11.3 \left( \bullet r^2h - \bullet x^2h \right) = 2.7 \bullet r^2h$$

等式表明，软木圆柱部分和它的铅壳部分的质量之和等于铝圆柱的质量。简化后，我们得到的式子是

$$11.1x^2 = 8.6r^2$$

由此

$$x^2 \approx 0.77r^2$$

接下来，就是要确定 $x^2$ 的值，因此不用开根。

混合圆柱软木部分的质量等于

$$0.2 \bullet x^2h \approx 0.2 \bullet 0.77r^2h \approx 0.154 \bullet r^2h$$

铅壳的质量等于

$$2.7 \bullet r^2 h - 0.154 \bullet r^2 h \approx 2.55 \bullet r^2 h$$

两者分别占总质量的比例为

软木部分　　　　　6%

铅部分　　　　　94%

现在来计算下混合圆柱的惯性力矩 $K_1$；它等于混合部分的力矩之和，即软木圆柱和铅壳之和。

半径为 $x$，质量为 $0.06m$（$m$ 是铝圆柱的质量）的软木圆柱的惯性力矩等于 $Mx^2 \approx 0.06m \cdot 0.77r^2 \approx 0.0231mr^2$

半径为 $x$ 和 $r$，质量为 $0.94m$ 的铅圆柱壳的惯性力矩等于

$$M \cdot \frac{x^2 + r^2}{2} \approx 0.94m \cdot \frac{0.77r^2 + r^2}{2} \approx 0.832mr^2$$

因此，混合圆柱的惯性力矩 $K_1$ 等于

$$K_1 = 0.0231mr^2 + 0.832mr^2 \approx 0.86mr^2$$

正如在前面那个关于球体的问题一样，我们同样会得到滚动圆柱的平移运动速度。均质圆柱的平移运动速度等式为

$$mgh = \frac{mv_1^2}{2} + \frac{mv_1^2}{4}$$

或者

$$gh = \frac{3mv_1^2}{4}$$

由此

$$v_1 = 0.8\sqrt{2gh}$$

那么，非均质圆柱的平移运动速度为

$$mgh = \frac{mv_2^2}{2} + \frac{0.86mr^2 \cdot v_2^2}{2r^2}$$

或者

$$gh \approx 0.5v_2^2 + 0.43v_2^2 \approx 0.93v_2^2$$

由此

$$v_2 \approx 0.73 \sqrt{2gh}$$

试比较两个速度

$$v_1 \approx 0.8 \sqrt{2gh} \text{ 和 } v_2 \approx 0.73 \sqrt{2gh}$$

可以看出，混合圆柱的平移速度比均质圆柱的小9%。根据这个特征，就可以辨认出铅圆柱了：它会比混合圆柱更早滚到坡底。

现在让读者来独立分析下另一个变形后的问题。如果混合圆柱的铅集中在中心，而软木将铅芯从外向内包裹着。那么此时哪只圆柱会更早滚到坡底呢？

## 1.49  天平上的沙漏

【题】在没有外力影响下，将每五分钟就需上一次"发条"的沙漏置于高精度天平的托盘上，并用砝码来称它的重量（如图42所示）。

将沙漏倒置过来。那么在这五分钟内，天平会发生什么样的变化呢？

【解】滴漏时还没有接触到容器底面的沙粒不会对容器底面施加压力。所以可以认为，在沙粒滴漏的这五分钟内，盛有沙漏的托盘要轻些，而且会向上扬起。但是实验表明的并不是这个结果。盛有沙漏的托盘只会在最初的瞬间向上晃动一下，然后在接下来的五分钟里天平都保持平衡状态，直到最后一刻，此时盛有沙漏的托盘开始向下沉，天平也重新恢复平衡。

既然沙在滴漏的时候并没有给容器底面造成任何压力，那么

图 42  天平上的沙漏。

天平又为什么会在五分钟内一直保持平衡状态呢？首先我们要指出，每秒钟内，有多少沙粒离开沙漏的瓶颈，就有多少沙粒到达容器底端。（设想一下，如果到达底端的沙粒多于离开瓶颈的沙粒，那么那些多出来的沙粒都从何而来呢？反之，缺损的沙粒又消失到哪去了呢？）也就是说，每秒钟里落到容器底部的沙粒是"失重"的。每颗沙粒都处于失重状态，这样沙粒就落到了底部。现在来做下计算。假设沙粒降落的高度为 $h$。由等式

$$h = \frac{gt^2}{2}$$

这里的 $g$ 是重力加速度，而 $t$ 是降落的时间，得

$$t = \sqrt{\frac{2h}{g}}$$

在这段时间里，沙粒没有给天平托盘施加压力。$t$ 秒钟内该托盘的重量减去沙粒的重量的差等于 $t$ 秒钟作用在天平托盘上等于沙粒重量 $p$ 的一个向上的力的大小。通过这个力的冲击力来测量这个力的作用大小

$$J = pt = mg\sqrt{\frac{2h}{g}} = m\sqrt{2gh}$$

同样在这个时间段里，一粒沙滴漏到容器底部的速度 $v = \sqrt{2gh}$。这个滴漏的冲击力 $J_1$ 等于沙粒运动的数量 $mv$：

$$J_1 = mv = m\sqrt{2gh}$$

可以看到，$J = J_1$，两个冲击力的大小是一样的。受到不同方向上大小相等的作用力的托盘就会保持平衡。

只有在五分钟时间的第一秒和最后一秒里，天平（如果是高精度天平）的平衡状态才会被打破。第一秒时，部分失重的沙粒已经离开了容器顶部，但是还没有一粒沙到达下面的容器底部：盛有沙漏的托盘就会上扬。接近五分钟时，平衡会再次瞬时间内被打破：所有沙粒已经离开了容器顶部，没有新的失重的沙粒了，而容器下部的滴漏现象还在发生：盛有沙漏的托盘会下沉。然后又恢复平衡，这次才是最终结束了。

## 1.50  漫画中的力学

【题】图 43 中所展现的漫画是有力学根据的。试问，其中应用的力学原理正确吗？

【解】我们的这个问题是利尤易斯凯洛尔（牛津大学的力学教授、儿童科普读物《童话王国里的艾丽丝》的作者）著名的"猴子"问题的一个变体。凯洛尔给大家提供了一幅图画（如图 44 所示），并提出了这样一个问题：

当猴子开始沿绳子向上爬时，重物会朝哪个方向移动？

答案各种各样。有的解题人说，猴子沿绳爬时不会给重物造成任何作用：砝码会纹丝不动。而另外一些人认为，猴子向上运动时重物会掉下来。只有少数人这样觉得：砝码会和猴子同向，即向上移动。只有最后一个答

图 43　英国部长向上爬时，
装满英镑的钱袋会向下运动。
（卡利卡图拉）

图 44　利尤易斯凯洛尔《关于猴子的问题》。

案是正确的<sup>①</sup>：猴子或人的向上运动应该会让砝码向上，而不是向下移动。当人沿着滑轮上垂下来的绳子向上爬时，人手中的绳子应该向相反的方向运动，即向下（试与之比较第 24 个问题：人沿着热气球上垂落下来的梯子攀爬）。但是，如果绳子沿滑轮从左到右运动，那么重物就会被拉上去，即向上运动。

同理，漫画中的重物也是一样：当部长沿绳向上爬时，装满英镑的钱袋也会向上运动，而不会向下。

## 1.51　滑轮上的重物

【题】滑轮上悬挂着一根末端附有重物的绳子（两端重物分别重 1kg 和 2kg）。将滑轮挂到弹簧秤上（如图 45 所示）。那么弹簧秤上显示的是哪个重物的重量？

【解】当然是重 2kg 的重物会掉下来，但是它的加速度不是自由落体的加速度 g，而是要比 g 小些。因为这里的运动力等于 2–1，即 1kg，而由它产生运动的质量等于 1+2＝3kg，那么缓慢降落物体的加速度 $a$ 将是自由落体加速度的三分之一：

图 45　弹簧显示的数字多少？

$$a = \frac{1}{3} g$$

那么，知道了运动物体的加速度和它的质量，就容易算出产生这个运动的力 F 的大小了：

$$F = ma = m \cdot \frac{1}{3} g = \frac{1}{3} P$$

---

① 如果忽略摩擦力。而在摩擦力较大的情况下，砝码可能不会向上移动。此外，可以预测到，重物和猴子的质量是相等的。

这里的 $P$ 是重物的质量，等于2kg。也就是说，重2kg的重物被重$\frac{2}{3}$kg的力拽下。为什么这个重物没有被整个重量（2kg）的力拽动呢？很明显，砝码被$2-\frac{2}{3}$，即$\frac{4}{3}$的力（这个力还是绳子的拉力）向上牵引。这样，挂在滑轮上的绳每端的拉力等于$\frac{4}{3}$kg。可以看到两个均为$\frac{4}{3}$kg的平行的力作用在滑轮上。那么合力就等于它们之和：

$$\frac{4}{3}\text{kg}+\frac{4}{3}\text{kg}=\frac{8}{3}\text{kg}$$

因此，弹簧秤显示的指数是$2\frac{2}{3}$kg。

## 1.52 圆锥体的重心

【题】纯铁制的被截断的圆锥体以底面为支撑放置（如图46所示）。如果将该锥体倒置，那么其重心会转移到哪一面？是底面还是顶面？

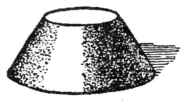

图46 圆锥体的问题。

【解】重心不会改变在圆锥体内部的位置。重心的特性是这样的：它的位置只由物体质量的分布来决定，不会随着相对铅垂线物体本身位置的改变而改变。

## 1.53 在降落的电梯舱内

【题】你站在电梯舱内的秤盘上（如图47所示）。突然缆绳断了，电梯舱开始以自由落体的速度下降。

（1）下降过程中，秤盘显示会有什么变化？

（2）此时，开口的罐子（倒置后）中的水会流出来吗？

【解】自由降落的电梯舱内的空间是一个特别的小地方，它的性质十分独特。所有立在该舱内的物体都会以它们底座的速度下降，而所有悬挂着的物体则会以它们支点的速度下降；因此前者不会对其底座施加压力，而后者也不会给支点增压。换言之，这些物体类似于失重的物体。自由存在于空间内的物体也开始失重：降落的物体不会掉到地面上，而会停留在刚从手中滑落下的那个位置上。物体之所以不会贴近舱室的地面，是因为和它同时降落的还有舱室本身，这两者降落的速度是一样的。

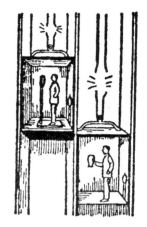

图 47 掉落的升降机中的物理实验。

简单地说，在降落的舱室内我们获得了一个失去重力的空间，对于进行物理实验的物体来说，这是一个极好的实验室，因为很明显，重力会影响到实验的进展。

由此就不难回答出原文中的问题了：

（1）秤盘的指针会停在零上：该物体完全不会对秤施加压力。

（2）水不会从倒置的罐子中流出来。

上述现象不仅存在于下降的舱内，而且也存在于自由向上运动的舱内，总言之，只要该舱位于引力场内并进行惯性运动，那么就会出现这种现象。既然所有物体降落时的加速度是一样的，那么无论是舱室本身，还是舱内的物体，重力赋予它们的加速度也是相等的；就它们位置的相互关系而言也不会产生变化，同样，即使舱内物体不受到重力影响也是如此。

上述现象有时也会碰巧发生在技术领域。实例见基尔皮切夫的《力学漫谈》和杰伦教授的《技术物理教程》。下面用基尔皮切夫书中的观点来论证：

"升降机安全钳。将矿井中的人吊出井外的升降机通常都会配备安

全钳，即防备起重绳索断裂的
辅助装置，它一端固定在井壁
的木桩上，另一端吊着载人的
吊斗，保证吊斗不会从高处落
下。我们来尝试制作安全钳，
如图 48 所示。

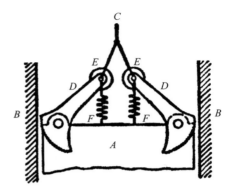

图 48 升降机安全钳装置。

　A 是吊斗，里面站着几个
正处于上升状态的人；B 是位
于矿井壁附近的木桩；C 是起重绳索。该绳并不是直接固定在吊斗的
上方，而是借助了拉杆 D，该拉杆的支撑点固定在吊斗顶部。上升时，
绳索受力；因此拉杆就会处在倾斜状态下（如示意图所示），不会碰到
木桩 B，也就不会影响吊斗向上运动了。当起重绳索断裂时，拉杆会
处于水平状态，猛地撞击到木桩上，齿轮会紧紧地卡住木桩。此时的
吊斗就会被挂在木桩上，人也就不会遭遇不幸了。

　尝试给拉杆制作出转折点，即在拉杆末端分别安放两个平衡锤 E。
这两个平衡锤根本没有益处。绳索断裂时，吊斗开始做自由落体运动，
此时平衡锤 E 丧失了向下的功能，相反会用更大的力拧动拉杆。这样，
即使平衡锤很重也于事无补，应该安放弹簧或者板簧 F 取而代之。"

## 1.54　向上加速落体

【题】如图 49 所示，假设木板 A 能在两块支架槽内垂直向下滑动，并
且该木板上附有以下物件：

（1）链条（a），其两端固定在木板上；

（2）容易偏离平衡位置的摆锤（b）；

（3）盛有水的开口细颈小瓶（c），固定在木板上。

如果木板 $A$ 开始以加速度 $g_1$（大于自由落体的加速度 $g$）向下滑动，那么此时，上述物件会有什么样的变化呢？

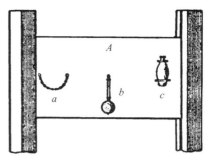

图 49 向上自由落体实验。

【解】（1）当 $A$ 向下运动时，项链两端被固定的点向下运动的速度要比链珠的运动速度快，因为后者的加速度 $g<g_1$。中间的链珠会慢于两端的，这样项链就会在向上的加速度之差 $g_1-g$ 的作用下向上凸起。换言之，项链似乎会"向上落体"，其加速度为 $g_1-g$。

（2）同理，摆锤也会向上晃动，并在垂直位置附近进行摆动，时间 $t$ 通过以下公式可以计算得出

$$t=\sqrt{\frac{l}{g_1-g}}$$

这里的 $l$ 是摆锤的长度。

（3）因为细颈小瓶下降的速度比瓶内的物体还要快，所以瓶中的水会马上流出瓶外，位于瓶口上方。简单地说，水会从瓶中洒出来，而且这个方向是朝上的。（如图 50 所示）

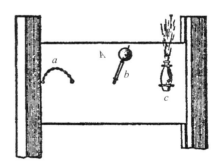

图 50 向上加速落体现象。

有位波斯别洛夫教授曾经借助自己发明的精密仪器做过类似的实验，他在小册子中是这样描述该仪器的："该装置垂直向下运动，且它的加速度要比自由落体加速度大。"我们从中可知该装置的示意图，描述如下：

"框 $M$ 能沿着垂直方向上绷直的金属丝滑动（如图 51 所示），而

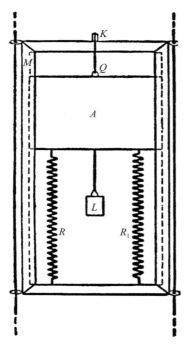

图 51　波斯别洛夫教授研究向上
加速落体现象的装置。

木板 A 也能在框 M 的槽口内滑动，这里的木板 A 正是我们所关注的向上加速落下的装置。木板 A 被两根弹簧 R 和 $R_1$ 向下固定在框上，如果要抬高框 M 中的木板 A，必须拉长着两根弹簧；这就得让挂在细绳上的重物 L 固定在吊钩 a 上，且穿过滑轮 K。

当木板和框处于静止状态时，木板位于框 M 的上部。将框放下自由落体时，重物 L 就不再拉伸弹簧了（为什么？），弹簧会压缩到一起，吸引框 M 中的木板 A 向下运动，与框相比（它已经有一个自由落体加速度了）给木板 A 一个额外的加速度。

木板 A 上还固定了几个用于实验的独立装置。"

在这个装置中比 g 大的加速度多出来的那部分并不大：不超过 $0.9\mathrm{m/s^2}$，即 0.1g。因此，倒置的摆锤应该摆动得相当慢。

## 1.55　水中的茶叶

【题】用茶匙搅动茶杯中的茶，然后将其取出，就会发生这样的现象：杯底的茶叶会冒上杯沿并逐渐涌向杯心，这是为什么呢？

【解】茶叶会涌向杯底的中心，因为杯底的摩擦力阻止了下层水面的流动。因此相对于下层水面来说，上层水面的离心力（该离心力使得液体粒子远离旋转中心运动）的作用更明显。相对于底部，顶部就有更多的水从

中心流向杯壁，那么底部中心就会积聚更多的水了。不难发现，最后杯中

会产生涡旋运动，顶部该运动的方向是
从杯心到杯沿，而底部则是从杯沿到杯
心。由此，杯底会存在一股涌向杯心的
水流：这股流吸引杯壁附近的茶叶流向
杯心，然后沿着轴心将其送到某个高度
上。（如图 52 所示）

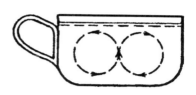

图 52　茶杯中的旋涡。选自
爱因斯坦的论文。

　　在更为宏观的领域里也会发生类似
的现象，比如说河道弯曲的地方。根据
著名的爱因斯坦提出的理论，由于这种
现象的存在，河流的弯曲度会不断加强
（形成所谓的回纹）。如图 53 所示，该图
借鉴自爱因斯坦的《河道回纹（河曲）
的原因》这篇文章，它解释了两种现象
之间的关系。

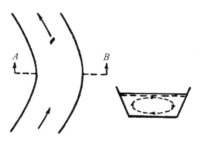

图 53　河道弯曲时水漩涡的运动。
选自爱因斯坦的论文。

## 1.56　秋千上

　　【题】站在秋千上，通过一些肢体运动可以增加秋千摆荡的幅度（如图
54 所示）。这一点你相信吗？

　　【解】毫无疑问，站在秋千板上，可以借助于适当的肢体运动逐步增大
摆荡的幅度，达到任何想要的高度。对此应该做到如下几点：

　　（1）位于最高点时，蹲下来，保持这种姿势，直到秋千的绳垂直指向
地面（即秋千荡到最低点时）再站起来。

　　（2）位于最低点时，把身体伸直，保持这种姿势，直到秋千荡到最高

图 54　秋千的力学原理。

点时再俯下身去。

　　简言之，在木板摆动的一个轮回中，做两次肢体运动：向下时蹲下去，向上时站起来。

　　从力学角度上来说，上述方法是具有合理性的。因为秋千在性质上类似一只人体摆锤。当人在秋千上蹲下的时候，他放低了摆动中重物的重心；而当人站起来时，他又抬高了物体的重心。因此，摆锤的长度时而增加，时而减少，在每个摆动轮回中交替着两次变化。

　　我们来看看，长度发生变化的摆锤应该如何摆动。

　　如图 55 所示，假设摆锤为 $AB$，当它处于垂直状态时为 $AB'$，最短距离为 $AC'$。既然摆锤上的重物降落时的高度为 $DB'$，那么它所积聚的动能总量应该在最远的路程内将这个重物送到相同的高度上去。因此，重物从点 $B'$ 升到点 $C'$，这个总能量没有减小。因为上升时的功不是由积聚的能量产生的。所以，在铅垂线带动下，由点 $C'$ 运动到 $AC$ 位置的重物上升时多出来的长度应该是 $C'H$，且等于 $B'D$。不难发现，摆锤线偏离时产生的新的角 $b$ 大于最初的角 $a$。

$$DB'=AB'-AD=AB-AB\cos a=AB（1-\cos a）;$$

$$HC'=AC'-AH=AC-AC\cos b=AC（1-\cos b）.$$

因为 $DB'=HC'$，所以

$$AB（1-\cos a）=AC（1-\cos b）$$

那么，

$$\frac{1-\cos a}{1-\cos b}=\frac{AC}{AB}$$

变换下表达式 $1-\cos a$ 和 $1-\cos b$，可得：

$$\frac{AC}{AB}=\frac{1-\cos a}{1-\cos b}=\frac{2\sin^2\dfrac{a}{2}}{2\sin^2\dfrac{b}{2}}=\left(\frac{\sin\dfrac{a}{2}}{\sin\dfrac{b}{2}}\right)^2$$

但是，由于 $AC$ 小于 $AB$，因此

$$\sin\frac{a}{2}<\sin\frac{b}{2}$$

因为两个角都是锐角，所以 a<b。

那么，摆锤线（和秋千绳）从垂直方向偏离出去的距离要比最初偏离的距离远。这就是木板向上运动时，人站起来对秋千施加的作用力的结果。

现在来观察下反向的运动，即从摆锤上重物的最高点到最低点，需要注意的是此时摆锤的长度增加了：重物从点 $C$ 降落到点 $G$。当摆锤从位置 $AG$ 运动到 $AG'$ 时（如图 56 所示），它下降的高度为 $HG'$，此时获得的势能总量在摆锤最远的运动中应该将重物送到相等的高度上。但是既然在位置 $AG'$ 上，重物从 $G'$ 升到 $K'$，那么在最远的运动中摆锤会运动的角度为 $c$，该角大于角 $b$，原因我们之前已经讨论了。那么：

$$c>b>a$$

因此运用上述方法不难看出，每摆动一次，摆锤线和秋千绳索偏离的角度就会增加，而且可能会逐步达到理想的高度。

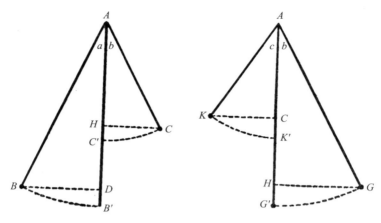

图 55–56　秋千中的力学问题。

同样借助这种方法，依靠另种肢体运动就可以"刹住"秋千，甚至让它完全停止下来。

埃亨瓦利德教授在自己的《理论物理》这本书中描述了一个简单的实验，不用借助秋千就可以验证上述的观点。教授认为："把重物 $m$ 拴在穿过静止吊环 $O$ 的绳上（如图 57 所示）。我们可以让绳的另一端 $a$ 向左向右运动，从而周期性地变化摆锤的长度 $Om$。如果 $a$ 端的运动频率是摆锤摆动频率的两倍，而且取得了合适的运动相位，那么就可以非常快速地拨动摆锤了。"

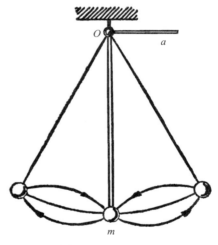

图 57　埃亨瓦利德教授《理论物理教程》中的秋千模型。

## 1.57 引力的悖论

【题】天体质量是地球物体的许多倍，就物体之间的距离来说，它们也是地球的许多倍。由于引力的大小直接同质量的乘积成正比，而同距离的平方成反比，所以奇怪的是，为什么我们没有发现地球物体之间的引力，而明显地感觉到引力在宇宙中的作用力呢？

请对这种现象给予解释。

【解】当然，天体之间的极大距离会在很大程度上削弱他们之间的相互吸引力。但是如果说天体间距离足够大，那么这些天体的质量之大也是难以想像的。

物体的质量应该同它的体积成正比，也就是说同物体长度的立方成正比。既然引力同被吸引物体的质量的乘积成正比，那么该引力就同物体长度的六次方成正比。因此如果物体长度和它们之间的相互压力增加 $n$ 倍，那么引力增加的倍数为

$$\frac{n^6}{n^2} = n^4$$

由此我们就可以很清楚地知道，为什么相距很远的质量更大的天体之间的引力要比相距较近的质量小的天体之间的引力大得多了。比如，假设太阳系减小一百万倍，那么太阳系中物体之间的引力就是原来的一千万亿（1024）分之一。我们习惯性地忽略天体的质量大小。然而即使是那些在天文学上被称作"微小"的天体（比如火星的卫星或者是小行星），在日常范围内其质量都是巨大的。

所有熟悉的小行星中，最微型的行星的体积约为 10km³。而我们是否想像过，体积为 1km³ 的物质（它的密度假设和水相同），它的质量约是多大呢？我们来计算下吧。一立方千米中（$10^5$）³＝$10^{15}$cm³；这么多水的质量

是 $10^{15}$g，即 10 亿吨！这些天体包括数亿和数十亿个立方千米的物质，它们的密度常常比水还要大。

即使是距离很大，引力也不会减少到很小的程度，因为它取决于巨大质量的乘积。地球和月亮之间的相互引力是 20 000 000 000 000 000t，然而相距为 1m 的两个人之间的引力是 0.03mg，相距 1km 的两艘轮船之间的引力是 4g。当然，0.03mg 和 4g 不能克服人脚底的摩擦力，也不能克服水对轮船运动形成的阻力。

这就是为什么引力会吸引太阳和行星体相互靠近，而同时，对于地球表面物体相互作用来说，这个引力并不会明显地表现出来。

这里还可以列举一例有关引力的反常现象。离太阳最近的一个恒星系统——半人马座阿尔法三星系统和地球之间的距离是和太阳之间距离的275 000 倍。可以计算出，该恒星系统吸引地球的力可以用一个非常庞大的数字来表示：100 000 000 吨。而面对这么强大的影响力，我们的星球却好像仍然没有觉察到。原因首先是地球的质量很大，所以虽然处于上述力的作用下，地球每年也只会向半人马座阿尔法系统靠近 100m。此外，该星系同样也会带动太阳和其他星体转动，这样地球在太阳系中的相对位置就不会改变了。最后，半人马座阿尔法星系不是吸引太阳系的惟一星系：太阳系是一个行星家族，它在宇宙中运行时受到所有星体引力的合力作用。

有必要关注下一个与引力有关的普遍存在的学术偏见。许多人认为两个物体之间的相互引力是一个指向连接两者质量中心的直线的力。在常态下这点是正确的，即相互作用的物体是均质球体或者其外壳是均质的时候。但是这点并不是在任何情况下都正确。一旦物体形状改变，那么上述定理就不再适用。对于非球状的物体来说，以下这两条定律就不再适用了，即引力和质量的正比例关系定律以及引力和质量中心之间距离的平方的反比例关系定律。下面援引下齐奥科夫斯基《天地幻想》一书中的例子：

图 58　两艘重约 20000t 的战列舰相距 1km，以 4g 的力相互拉近。

　　"假设两个平行的面之间有块无边际的木板，这个无限大的物体的吸引力也是无限大的，然而这种假设终究只是假设——没有这样的木板。吸引力同木板的厚度和密度基本没有关系；无论在离这块木板多远位置上，引力总是同木板保持垂直。

　　如果将地球压缩成一个圆盘，盘的厚度越薄，那么它产生的引力就越小。

　　有时，质量大不会对物体造成任何引力。比如，一个内壁被压缩过的空心球或者空心管并不会对置于其中的物体造成引力（无论该物体位于几何中心还是其他地方）。空心管的外部引力同物体与管轴间的距离成反比。"

　　应该牢牢记住，牛顿定律公式只适用于物质的"点"和均质的球。

## 1.58　铅垂线的方向

　　【题】通常认为，靠近地表的所有铅垂线都是指向地心的（如果忽略地球自转带来的微小偏差）。但是大家都知道，地球上的物体不仅受到地球的吸引，还受到月球吸引。因此上述铅垂线指向的应该不是地心，而是地月系的质量中心。这个质量中心同地球的几何中心完全不吻合。不难算出，该质量中心位于距几何中心 4800km 远的地方。（的确，月球质量是地球质量的八十分之一；因此，地月系的质量中心距地心要比距月球中心近，同样前者也是后者的八十分之一。两个天体中心之间的距离是 60 个地球半径；因此，地月系的质量中心与地心之间的距离是四分之三个地球半径。）

这样，地球上铅垂线的方向应该远远偏离地心（如图 59 所示）。

但是为什么这种偏离又确实从未被察觉到呢？

【解】该命题中阐述的推断明显错误，尽管它没有一下子被察觉出来。如果尝试将上述地月系的情况应用到地球和太阳上，那么就不难发现这个错误了。此时的推断如下：地球上的物体不仅受到地球的引力，还受到太阳的引力，它们可能会偏向地球和太阳的质量中心。这个中心点位于太阳球体的内部（因为太阳的质量是地球的 330 000 倍，而两者中心间的距离约等于 200 个太阳半径）。因此，得出这样个结论，地球上的所有铅垂线应该指向太阳！

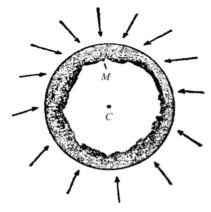

图 59　地球上的物体应该偏向哪个点？是偏向地球中心 *C* 点，还是地球和月球的质量中心 *M* 点？

类似结论所反映出的明显不合理性，其实有助于探讨推断过程中的错误。诚然，太阳吸引地球上的所有物体，但同时它还吸引整个地球本身。太阳施加给地球每克的加速度和它施加给地球表面每个物体每克的加速度是相等的。地球和地球上的物体在太阳引力的作用下所获的靠近太阳的位移应该是相同的，换言之，两者应该处于相对静止状态。由此得出，太阳引力不会影响到地球上物体的指向：如果太阳引力完全不存在，物体应该指向地球。

　　上述分析同样适用于地月系，换言之，一方面月球上的物体不会落到地球上；另一方面，地球上的物体应该朝向地心，就好像月球引力不存在一样。毫无疑问，月球引力使地球上的所有物体都靠近月球位移，但该引力所施加给整个地球的也是相同大小的位移。因此物体会指向地球，而月球引力不会对其造成任何影响：地球和地球上的物体之间相互吸引，就好像月球不存在[1]。

---

① 因为我们地球中心和位于地球表面的物体与月球（和太阳）之间的距离是不相等的，所以在引力大小上还是存在着差异。通过现代精密观测设备可以观察到，这种差异是以物体重量周期变化（取决于月球和太阳在天空中的位置）的形式出现的。尽管月球和太阳对物体重量造成了一定的影响，这是个突出现象，但是该影响极其微小，完全无法同本命题中所提及的预期影响相提并论。

# 第二章　液体的性质

## 2.59　水和气体

【题】地球上全部的气体和地球上全部的水相比，哪个更重些？重多少呢？

【解】只需要通过简单的运算就可以确定出大气质量和地球上全部水量之间的大致关系。大气重量等于均匀覆盖在整个地球表面的深约 10m（＝0.01km）的水层的重量。

而平均深度约 4km 的海洋占地球表面的 $\frac{3}{4}$。

如果这些水均匀覆盖到地球整个表面，那么海洋的深度就为 3km。因此所求关系等于

$$3km：0.01km＝300$$

这样，地球上全部水的重量约为空气重量的 300 倍（准确的说，是270 倍）。

## 2.60　最轻的液体

【题】请说出最轻的液体。

【解】密度最小的液体是液化氢，它的密度是 0.07，是水的 1/14，而水的密度又约是水银的 1/14。密度第二小的是液化氦，它的密度是 0.15。

## 2.61　阿基米德的命题

【题】阿基米德金皇冠命题的传奇故事流传着多种版本。古罗马建筑学家威特鲁维（公元 1 世纪）是这样讲述的：

吉耶伦①夺取皇权后，为了感谢神保佑事业取得成功，有意向一座神殿捐赠一项金皇冠，新国王吩咐工匠去制作并给了他所需的材料。在预定期限内，工匠将制作完工的皇冠呈献给国王。吉耶伦十分满意；皇冠的重量和原材料是相等的。但是后来有人传言，工匠用银偷换了部分黄金。得知受骗，吉耶伦十分恼怒，命令阿基米德想出办法揭穿偷换的骗局。

思考这个问题的阿基米德有一次去洗澡，在卧进浴盆的时候，他发现从浴盆中溢到沿外的水的体积等于身体浸入水中的体积。弄清楚这个现象的原因之后，阿基米德高兴得从浴盆中跳出来，裸着身子跑回了家，路上他一边跑一边用希腊语喊道："埃弗利克，埃弗利克"（意为"我找到了"）。

然后，阿基米德根据自己的发现取来了同等重量的金银各一块。将一个深的容器罐盛满水，再把银块浸入水中。溢出的水的体积等于银块的体积。测出溢出的水的重量，取出银块，给容器加满水到罐沿。然后用同样的办法，他再将金块放入盛满水的容器中，再次测量时他发现，这次溢出的水的体积要比上次的小，而这部分体积之差正是同等重量的银块与金块的体积之差。再次将容器盛满，然后把皇冠浸入水中，他发现这次溢出的水要比浸下纯金块溢出的水多。阿基米德借助于这部分多出来的水计算出了金皇冠中的银杂质，通过这种方法就揭穿了工匠的骗术。"

通过上述阿基米德的方法可以计算出皇冠中被银偷换掉的金的重量吗？

**【解】** 根据上述方法，阿基米德确实只能判断皇冠不是纯金的。但是如果要准确计算出工匠用银窃取偷换了多少黄金，阿基米德就束手无策了。假如金银熔合物的体积完全等于该熔合物中的金银体积之和，那么这个问

① 锡拉库兹的统治者，传说阿基米德是他的亲戚。（请勿将他同古代力学专家格伦混淆。）

题也是可以解答的。

的确，只有少数熔合物具有这种特性。金银熔合物的体积是小于其中的金银体积之和的。换言之，这个熔合物的密度要大于金银密度之和。不难理解，根据这种方法计算被偷换掉的金的重量时，阿基米德得到的结果本应该会小些：在他看来，熔合物的密度更大说明其中金的含量更多。因此，阿基米德不能计算出被偷换掉的金的全部重量。

那么到底该如何解决阿基米德的难题呢？梅恩舒特金教授在自己的著作《普通化学教程》中写道："现在我们可以假设通过如下方法来解决这个问题。首先确定出纯金和纯银的密度，以及一系列过渡性合金的密度；用图解的方法表示出已得数据，并通过这种形式得出一个曲线图。这个曲线图给我们展示的是金银熔合物密度变化同其中金银密度关系的曲线；同时还能得到一条直线，即熔合物中的金银密度呈直线变化。现在来确定下皇冠的密度，将所得到的密度大小置于金银密度坐标系的曲线图中来看，就可以发现所得的是熔合物中哪种金属的密度了；那么皇冠中金属的成分也就能判断出来了"。

此外，假设调换金的不是银，而是铜，那么金铜熔合物的体积就完全等于金和铜的体积之和。此时，运用阿基米德的方法就能得到正确的答案了。

## 2.62　水的压缩性

【题】在高压情况下，水和铅哪个的收缩程度更大些？

【解】中学教科书严格强调液体的"不可压缩性"，以至于形成了这样一种观点：似乎液体确实是不可压缩的，无论在哪种情况下液体受到的挤压强度都要比固体小。但实际上，相对于固体和气体来说，液体的"不可压缩性"只是它弱压缩性的一个形象表述而已。如果将液体和固体的可压缩性进行对比，我们会发现，前者是后者的几倍。

最易被压缩的金属是铅，在一个大气压下，它彻底压缩后的体积会减小到原来的 0.000006 倍。而水在同样大小的气压下会被压缩到原来的 0.00005 倍，即约是铅的 8 倍。而与钢相比时，水是钢的 70 倍。

压缩性超强的液体是硝酸。一个大气压下，硝酸体积缩小至原来的三十四万分之一，即是钢的 500 倍。诚然，如果和气体相比，液体的压缩性就确实不足一提了：液体是气体的几十分之一。

（然而根据巴塞特实验证明，在 25000 个大气压下诸如氮等某些气体会变得完全不可压缩；在这么大的压力下，该气体分子之间的致密程度达到最大）。

## 2.63　向水射击

【题】给一个长 20cm，宽 10cm 的敞口箱子（该箱子是上蜡的黏合木板做成的）倒入 10cm 深的水，如图 60 所示。朝箱子开枪射击，那么箱子

图 60　朝装有水的箱子射击。

就会裂成碎木块，而水则会转化为尘雾。

如何解释射击所造成的这种效应？

【解】这个现象可以用液体的弱压缩性和绝对弹性来解释。子弹迅速穿过水，以至于水面还来不及上升。因此水在一瞬间内受到子弹体积大小的压力。所形成的最大压力必定会使箱子木板破裂，水也就会四溅开来。

通过计算得出该压力的大小。箱中的水为 20×10×10＝2000cm³。子弹体积为 1cm³。水应该压缩至原来体积的 $\frac{1}{2000}$。在一个大气压下水压缩为 $\frac{1}{20000}$，即是原来的 1/10。因此，箱中液体体积减小的同时，该液体的压力应该增加到十个大气压，即约等于气缸中的压力大小。计算容易得出，箱壁和箱底将受到 10000N－20000N 力的作用。

同理，在水下爆炸的炮弹也存在着巨大的破坏作用。"即使炸弹在离潜水艇有 50m 米远的爆炸，爆炸的威力还是会波及到海面，潜水艇也会不可避免地受损。"——米利凯恩

## 2.64  水中的电灯泡

【题】如图 61 所示，在这种情况下，水中的电灯泡能够承受得住半吨重物的压力吗？（活塞直径为 16cm）

【解】我们来计算下灯泡壁所受到的压力。活塞截面等于

$$S=\bullet/4\cdot16^2\approx200cm^2$$

因为 500kg 重物的重量约等于 5000N，那么 1cm² 上所受到的压力等于

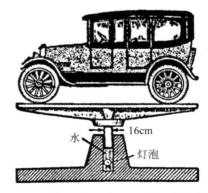

图 61　在这个压力下，小灯泡还能完好无损吗？（左：水；右：电灯泡）

$$5000 : 200 \approx 25N$$

普通样式的灯泡甚至能承受更大的压力——27N/cm²。因此，在上述情况下灯泡是不会被压坏的。

这个结论用在水下同样也是适用的。普通电灯泡能承受住 2.7 个大气压，适用于 27 米深的水下（如果水更深些，那么就应该使用特制灯泡）。

## 2.65　漂浮在水银中

【题】两根同等重量和直径的匀质圆柱垂直漂浮在水银中。哪根会浸得更深？

【解】毫无疑问，这个问题的陷阱就藏在圆柱垂直漂浮上：圆柱体漂浮时似乎是不可能保持垂直状态的，而应该会倒向一边。这种观点是错误的：相对于高度来说，只要圆柱直径足够大，那么圆柱漂浮时就能够保持稳当的状态。

这个问题本身并不难，但有时它会使得一些观点自相矛盾。铝柱和铅柱的重量和直径相等情况下，前者的长度是后者的 4.2 倍。因此可以这样分析，垂直漂浮在水银中的铝柱可能会比铅柱浸得更深些。另一方面，漂浮在液体中的重铅也有可能比轻铝要浸得更深些。

这两种分析都不正确。两根圆柱漂浮时浸入水银中的深度是一样的。原因很容易理解：根据阿基米德原理，由于两者重量相同，它们漂浮时排挤出的液体的体积应该是相等的；而又因为两者直径相等，所以两根圆柱浸入水银中的部分的长度也是相等的，否则两者排挤出的水银体积不相等。

令人感兴趣的是，铝柱排出的水银体积到底是铅柱排出水银体积的多少倍呢？不难计算得出，铅柱会排出其长度 17% 的水银，而铝柱排出的是

其长度 80% 的水银。但是因为铝柱长度是铅柱的 4.2 倍，那么铝柱 80% 长度就是铅柱 17% 长度的

$$\frac{0.8 \times 4.2}{0.17} \approx 20 \text{ 倍}$$

这样，铝柱留在水银表面的高度就是铅柱的 20 倍。

上述讨论的问题可以被应用到现代地球构造学说中去，即正是所谓的地壳均衡说理论中。这个理论的缘起是，地壳岩层部分要比位于地下的地幔岩层轻些，所以前者会漂浮在最上层。该理论将地壳看作是一些等截面等重量但不等高度的棱镜总和。那么稍高的那部分应该是密度更小的棱镜，而稍低的那部分应该是密度更大的棱镜。由此还推出这样的结论：地表凸起说明地下物质缺损，而地表凹陷恰恰说明地下物质过剩。

## 2.66  陷入流沙中

【题】阿基米德原理同样适用于颗粒体吗？

位于干沙上的木球能陷进去多深？

人会连头一起会陷入流沙中吗？

【解】不能将阿基米德原理直接应用到颗粒体上，因为这些物体的颗粒会受到摩擦力的影响（这种摩擦力在液体中极其微小）。但是如果将颗粒体置于下述情况中：颗粒不受相互之间的摩擦力的牵制而能自由移动，那么阿基米德原理就完全适用了。比如在重力作用下受到一定频率振动的干沙就有助于沙粒移动，而此时的干沙就符合上述情况。与牛顿同时代的著名物理学者——古柯也曾在自己的著作中提到过类似的实验：

"无法将较轻的物体，比如软木块，沉入沙（快速震动的沙）中；该物体会立刻浮上表面。相反，沙表面重些的物体会马上被埋入沙中并坠到容

器底部"。这些实验是后来杰出的英国物理学家伯列格在借助一种特殊离心机的作用下完成的 [①]（如图 62 和 63 所示）。

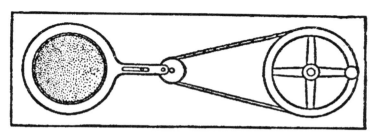

图 62 沙粒振动机。

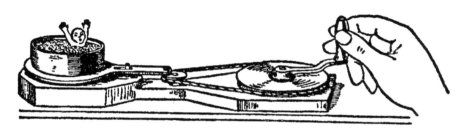

图 63 带有重物的小人埋陷在沙中，在该机器的作用下，
小人将头探到外面。

斯蒂芬是在推断的基础上总结阿基米德原理的，如果将这些推断应用到下述情况中，即将一只球置于不流动的沙体表面，是可以设想出下面发生的事情的。首先我们会发现，所谓的沙体"想像的密度"，或者说带有气孔的一立方厘米沙的质量等于 1.7g，即木头的两倍。我们将想像中的球体从沙中分离出来，该球体在几何上等于木球。沙上的该物体在两种力的平衡作用下能够立稳：（1）沙粒相互间的摩擦力；（2）上层沙面的重量（上层沙面将部分压力分散给四周，同时支撑该物体向下）。这些力的合力应

[①] 见伯列格《事物的性质》一书的俄文版。

该不小于我们所分离出来的沙面物体的重量。如果将想像中的沙球换成更轻的木球，那么木球受到的自下而上的压力就会大于它本身的重量。很明显，在重力作用下，该球不会陷得太深。如果球的重量等于它陷入沙中的那部分体积的沙的重量，那么此时陷入沙中的深度最大。这并不是说，球陷落时的深度一定会有这么大：我们只是借助于重量本身的作用确定出球陷入沙中时的极限深度。这也不能说明，埋入沙中的球的深度比这个深度还要大，球自身会"浮"到表面上来：漂浮的过程会受到摩擦力的阻碍。

这样，将阿基米德原理应用到颗粒体时应该考虑到一些重要的附带条件，一旦颗粒体受到震动，那么这些条件就可以不予考虑了；震动的颗粒体在研究时就如同是液体了。对于不流动的颗粒体来说，阿基米德原理能确定的只有一点，位于其表面的密度较大的固体在自身重力作用下陷入到沙中的深度小于物体重量，等于物体陷入部分体积的颗粒物质重量时物体下陷的深度。

然而，因为人体的平均密度要小于干沙的密度，所以人不会连头一起被埋入流沙中。由此，人越是不作挣扎，他陷入沙中的深度就越浅；挣扎只会越陷越深。

阿基米德原理不仅适用于沙体，还适用于工程学中，即将石炭从杂质中提取出来。将需要提纯的生煤扔入精选的沙中，该沙的密度比石煤的密度大，但是比混杂在煤中的石块的密度小。为了使沙粒流动起来，应该自下而上地向沙下的过滤器中不断送入空气。被送入的空气压力，即气流的速度还决定着沙的密度。混杂在沙中的煤粒和岩石块就分离出来：煤会留在表层，而石块会沉入沙中，通过管道聚集到收容器内。仪器装置详如图 64。

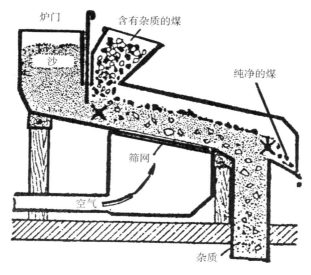

图 64 工程学应用。

## 2.67 液体成球形

【题】液体不受外力作用能够形成一个周整地圆形，如何才能更好地证明这一点呢？

【解】普拉托的著名实验清楚地证明了液体的一个特性，即液体在失重状态下会呈现为球形的：将橄榄油放入到同等密度的酒精和水的混合物中，它们就会形成一个圆球。但是精确测量得出，所得到的球体在几何上不可能是规律的。因此普拉托的实验只是对我们感兴趣的现象作了一个尝试性的论证[1]。

毫无疑问，只有完全不同领域中的现象（正如虹的产生）才能给我们做出严密的论证。

———————————
[1] 详见《趣味物理》第一篇第五章。

虹产生的原理证实，即使雨水在几何形状上只有一点点偏离规则的球形，彩虹的样子都会受到明显的影响，而如果这种偏离更大些，那么彩虹就根本不会成形了。因为彩虹产生的前提是存在着即将掉落而且还要以物体自由落体速度运动的小水珠，根据第 53 题的答案的推想可知，这些小水珠是处于失重状态的，而且它们只受到某些来自内部的分子力的作用。

## 2.68  水珠的重量

【题】哪种情况下从茶炊嘴儿中滴落的水珠会更重些：是水滚烫时还是水冷却时？

【解】当一颗水珠的重量大到足以导致正在形成的水珠颈部表面薄膜破裂的时候，这颗水珠才会落下来。（墨水点的产生也是同样的道理。）如图 65 所示，如果收缩的颈部半径为 $r$ mm，表面拉力大小为 $f$（N/mm），那么水珠就会在这种情况下发生滴落

图 65　表面薄膜的拉力使水珠不掉下来。

$$2 \bullet rf = 0.0098x$$

这里的 $x$ 是几克水珠的质量，$0.0098x$ 是几牛顿水珠的重量。那么几千克水珠的质量就等于

$$x = \frac{2r}{0.0098}f$$

表面拉力越大，水珠就会越重。但是大家都知道，随着温度的升高，表面拉力的大小对于水来说每个半径上减少 0.23%。温度为 100℃ 下的水的表面拉力相对于温度为 0℃ 来说减弱了 23%，而温度为 20℃ 时，水的表面拉力相对于温度为 0℃ 来说又减弱 4.6%。也就是说，当茶炊中的水从

100℃ 冷却到室温 20℃ 时，水珠的质量应该增加了

$$\frac{95.4-77}{77}=0.24（相对于最初的重量的倍数）$$

或者说增加了 24%（这个大小就相当明显了）。

## 2.69 液体在毛细管中的高度

【题】（1）水在直径为 1 微米的玻璃细管中会升多高？

（2）在这支玻璃管中，哪种液体会升得最高？

（3）毛细管中哪种温度下的水会升得更高些：是冷水还是热水？

【解】（1）根据伯列利定理[①]，管中液体上升的高度与管的直径成反比。直径为 1mm 的玻璃管中的水上升 15mm。也就是说，直径为 0.001mm 的玻璃管中的水上升的高度就是原来的 1000 倍，即 15m！

（2）毛细管中上升最高的液体是熔化后的钾（63℃ 时熔化）：直径为 1mm 的玻璃管中的钾会上升 10cm。管道直径为 1μ 时，上升高度应该等于 10cm×1000=100m。

（3）液体表面拉力越大，密度越小，那么它就会在这根管中会升得越高。由下列关系式表示出来

$$h=\frac{2f}{rd}$$

这里的 $h$ 是上升的高度，$f$ 是表面拉力的大小，$r$ 是管口半径，$d$ 是液体密度。随着温度的升高，表面拉力会迅速减小，而且比液体密度 $d$ 的减小还要明显得多。最后，高度 $h$ 也会降低：毛细管中热的液体比冷的上升的高度要低一些。

---

① 通常也被称为"尤林定理"。

## 2.70　在倾斜的管中

【题】在垂直的毛细管中，容器中的
液体平面会上升 10mm。如果倾斜该管，
使它同液体表面呈 30° 角，那么液面会上
升多高呢？如图 66 所示。

【解】毛细管中液体上升的高度取决
于管是垂直浸入其中还是与地平面保持某
个角度。无论在什么情况下，上升的高度，
即凹凸面到液体表面的垂直距离都是相等
的。在上述情况下，呈 30° 角倾斜的管中

图 66　哪只水管中的液面
升得更高些？

的液柱是它在垂直状态下的 2 倍，但是凹凸面高出容器液面的部分也是一
样长。

## 2.71　移动的两滴液体

【题】有两根细玻璃管，均是一头
宽一头窄，如图 67 所示。在第一根管的
A 点处注入一滴水银，在第二根管的 B
点处注入一滴水。此时观察，两滴液体
处在不平衡状态下，沿着玻璃管运动。

为什么？

两滴液体朝哪个方向运动：是朝玻
璃管宽的那头还是窄的那头？

图 67　两根锥形细管的问题。

【解】因为水银不会浸湿玻璃，所以玻璃管中的水银柱有两个自由移动的外凸方向。靠近窄的那端的表面比靠近另一端的表面的曲度半径要小；因此，它施加给水银的压力就要大些（详见上文 70 题第三种情况），那么水银柱就会被挤向宽头的那一端。

而由于水会浸湿玻璃，所以水柱两头都有一个内凹面，而且管中窄的那端的凹面的曲度半径要比宽的那端小。曲度更大的那个凹面更容易吸引液体流动，因此水柱会向窄端移动。

这样，两根液柱会在管中朝相反的方向运动：水银柱向宽的那端，而水柱会向窄的那端。

在毛细管中水能从宽端移向窄端的这种特性对于保持土壤湿度是具有重要意义的。农学家杜丁斯基曾在著作中写道："如果上层土壤厚实，即其中的孔隙很小，而下层土壤疏松，即其中的孔隙较大，那么上层土壤就容易吸收来自下层土壤的水分。而如果情况相反，下层土壤厚实，上层疏松，那么上面的疏松层干枯后就不会吸收到下层土壤的水分（因为水不会从窄的孔隙流向宽的孔隙，而恰恰相反），因而变得干燥。"

由此我们总结出抵御旱灾的一种措施，即翻松土壤表层：

"为保持土壤湿度，应该尽可能频繁地翻松顶层土壤，翻松厚度为 2cm 左右；此时原来的小孔隙会被破坏掉，被大孔隙所取代，就会从下面吸收水分了。虽然此时疏松过的上层土壤能吸收水分，但是它还不能从孔隙更小的下层土壤中吸取到水分；因此不能将水导向表层，但是它能预防风和阳光带走其他土层的水分。"

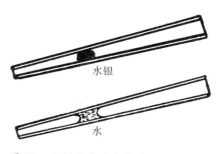

图 68　水银柱会流向管宽的那头，而水柱会流向管窄的那头。利用水的这个特征可以采取相应的抗旱措施。

从中可以看到一个极具借鉴意义

的实例。只要我们清楚地理解一个普通的物理现象，就能为指导实践带来重大帮助。

## 2.72 浸在容器底部液体中的木板

【题】如果向盛有水的玻璃容器底部放入一块密度较大的木片，那么它会浮起来。如果盛有水银的同样的玻璃容器底部放入一块玻璃片，它就不会浮起来。同时还会发现，水银中玻璃的浮力（水银和玻璃比重的差值）要比水中木板的浮力大得多。

到底为什么木板在水中会浮起来，而玻璃块在水银中就不会浮起来呢？

【解】将木板放入盛有水的容器底部，木板会浮上来，原因不言自明，水从木板底渗透过去了。需要解释的是，为什么水穿透了木板，而水银却没有穿透玻璃板呢？需要指出的是，无论木板如何紧致地贴近容器底部，它们之间都不可避免地会留下细小的缝隙。这些浸湿木板和玻璃的紧密贴近的水面边缘会形成一个凹面，这个凹面所指的方向是一个没有液体的夹层（如图69所示）；这个凹面就像是内凹凸镜，将水吸引到木板和底部的空隙中来。

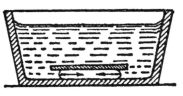

图69 水流到薄板下方。

水银和玻璃板就另当别论了。玻璃不会被水银浸湿；因此在玻璃板和玻璃底部之间的水银会形成一个指向空白夹层的凹面；该凹面会向外积压，就不会让水银流到玻璃板下面了（如图70所示）。

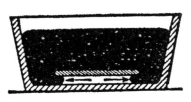

图70 水银没有流到薄板下方。

## 2.73　表层张力消失

**【题】**温度为多少时，液体表面的张力等于零？

**【解】**在临界温度下，液体表层张力会完全消失：此时液体丧失了聚合成水珠的能力，会在任何一种压力下变成气体。

## 2.74　表面压力

**【题】**大约用多大的力，液体才会受到自身表面的挤压？

**【解】**尽管液体表面相当薄——$5\cdot10^{-8}\mathrm{cm}$[①]，它还是给其所覆盖的物体以巨大的压力。对于某些液体来说，这个压力可以达到几万个大气压，即相当于每平方厘米上承受几十吨的重量。由于这个压力的存在，液体的压缩性不强也可以理解了。

## 2.75　自来水龙头

**【题】**为什么水龙头都安装成螺旋状，如图 71 所示，而不像茶炊那样，可以让水自由回流呢？

**【解】**似乎将水龙头安装成茶炊式样，即回转式的，而非螺旋状的更为方便。没有这样安装的原因是，回转式龙头不适用

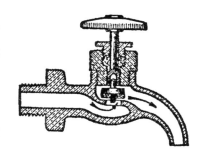

图 71　为什么水龙头都安装成
螺旋状的？

———————
① 液体表膜由一个分子层构成。

于家庭水管道网。迅速将水龙头口关闭，突然停止水管中的水流运动，会导致管道系统出现危险的震动现象，即所谓的水压冲击。水压学教科书的作者杰伊什教授将水压冲击同火车车厢起步停车时的冲击作了比较：

> "在火车制动时，第一节车厢的缓冲器会受到后面车厢惯性影响，直到所有的车厢都停止运动。然后前节车厢缓冲器的弹簧会被拉直，直到所有车厢都刹稳。受到压缩的缓冲器产生的冲击波会从第一列车厢传到最后一列。如果火车尾部有一辆重型蒸汽机车，那么缓冲器的压力就会从该蒸汽机车转向一个支杆限动器装置。这样，振动就会逐渐减小，在阻力影响下慢慢停下来，从火车的一头传向另一头，循环往复。压缩后产生的第一次冲击波不仅对于第一节车厢冲击巨大，对于所有车厢的缓冲器弹簧来说其实都很危险。再来说说水龙头，尽管水的压缩性（即弹性）较小，但是当我们通过关闭位于长水管尾端的水龙头而阻止前面的水颗粒运动时，后面的水颗粒会向前挤压，并对整个水龙头造成高压，这股高压类似于普通的波，会沿着管道以较大的速度往返运动，这个速度略小于声音在水中传播的速度。波到达水管始端（即水压贮槽）后又会导向水龙头那端；这样就会产生系列高压振动波，这些波遇到阻力后就会逐渐停止运动。但是最初产生的波不仅会对水龙头尾端造成危险，还很容易导致一些比较脆弱的零件炸裂以及水管始端贮槽附近的接口损坏。回波时产生的巨大压力可能是水管中普通流体静力学压力的 60-100 倍。"

管道越长，这个冲击力就越强越，破坏性越大。水压产生的冲击力会损坏整个水管道网，常常引爆生铁管道，震损铅制管道，打掉回转处的接头等。为避免这些危害，应该逐渐停止管道中的水流运动，即慢慢关闭水龙头拧住的管道口。管道越长，越应该放慢关管道口的时间。

这样，水压冲击力的大小同管道的长度成正比，同关管道所用的时间

成反比：水龙头关得越快，产生的冲击力越强。实验得出下面一个计算冲击力大小的公式：冲击产生的压力等于水柱的高度

$$h = 0.15 \frac{vl}{t} \text{ m}$$

这里的 $v$ 是水管中水流的速度（米／秒），$l$ 是水管长度（米），$t$ 是关闭水管所用的时间（秒）。

比如，水管中水流的速度为 1m/s，水管长度为 1000m，关闭水管所用时间为 1s，那么在水压冲击的作用下，水管中的压力大小就增至

$$h = 0.15 \cdot \frac{1 \cdot 1000}{1} = 150 \text{m}$$

即增至 15 个大气压。

实验可以观察到整个水压冲击现象，装置如图 72 所示。虹吸玻璃管从盛有水的容器中向下导出，再弯曲成水平。管道尾端安装了一个回转式龙头 $H$，离尾端不远处有一个带有小孔的支管 $S$。当龙头关闭时，水会从支管中喷射出来，呈喷泉状，其高度不超过容器中水面的高度。如果将龙头打开，然后再迅速关闭，那么最初喷泉的高度会高于容器中水面的高度，不难证实，管道中的压力大于流体静力学的压力。

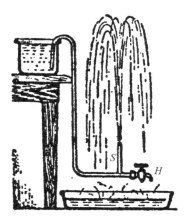

图 72　测量水压的实验。

这并不表明，能量守恒定律此时就不再适用了：当水从一定高度上落下时，水量越小，它所上升的高度越大，这就如同杠杆，用重物压下杠杆的一端时，杠杆轻的另一端会上升得更高。

依据水压冲击力的理论，设计出了一个特殊的自动扬水仪器装置，即"冲击扬水机"，如图 73 所示。

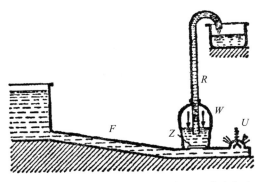

图 73　自动冲击扬水机装置示意图。要使扬水
机做功，就应该关闭阀门 $U$。此时管道 $F$ 中就
会形成一个水压冲击力；增加的水压会冲开阀
门 $Z$，而压缩在 $W$ 中的空气就会将水挤压上来。
压力消失时，阀门 $Z$ 就关闭，阀门 $U$ 打开；$F$
中的水流会重新关闭阀门 $U$，再次形成水压冲
击力。循环往复。

　　冲击扬水机是最简便也是最实惠的供水装置。该装置投产运行多年，
并基本不需要维修保养。有的冲击扬水机能压送至 100 多米高，有的甚至
能一昼夜能压送 25 万升水。

## 2.76　流速

　　【题】如果漏斗中的水和水银一样高，那么哪种液体会流得更快些？

　　【解】水银比水要重得多；所以可以设想，水银会流得更快些。但是托
里拆利所得知实际情况并不是这样：流速与液体密度没有任何关系。流速
可以根据下面这个托里拆利公式计算出来

$$v = \sqrt{2gh}$$

这里的 $v$ 是流动液体的速度，$g$ 是重力加速度，$h$ 是容器中液体的高度。不
难看到，该公式中并不涉及到液体密度。

但是这个关于液体流动的反常定理是完全可以理解的，我们来这样推论，液体流动时的力就是它位于漏斗上部的重力。重力大的液体和小的液体相比，前者的这个力更大；但是促使前者运动的质量也比后者大，而且它们的质量比等于重力比。因此最后两者的加速度和速度是相同的，这一点就不足为怪了。

## 2.77—78　与浴缸有关的问题

【题】（1）浴缸内壁垂直，8分钟可将该浴缸放满水，关闭水龙头，再将浴缸中的水通过排水孔排空需要12分钟。如果打开排水孔，再给空浴缸注水，那么需要多长时间浴缸才会盛满水？

（2）8分钟浴缸就会放满水；如果关闭水龙头，打开排水孔，浴缸中的水还是在8分钟内排空。如果打开排水孔，一昼夜不间断地向空浴缸内注水，那么最后浴缸内会有多少水？

（3）如果注满水所需时间还是8分钟，而排水所需时间仅为6分钟，请解答上述问题。

（4）如果注满水所需时间是半小时，而排水所需时间为5分钟，请再次解答上述问题。

（5）浴缸排水所需时间要比注水时间短。如果同时给空浴缸注水和排水，那么浴缸内会存有一点水吗？

为降低解答问题的难度，可以不考虑流动液体的压力和液体对排水孔边缘的摩擦力。

【解】针对上述五个问题，下面均列出了两种答案，一种是正确的，另一种是错误的：

（1）浴缸注满水需要24分钟。　　（1）浴缸永远都注不满水。

（2）浴缸最后是空的。 　　（2）浴缸中的水注到 $\dfrac{1}{4}$ 高。

（3）浴缸最后是空的。 　　（3）浴缸中的水注到 $\dfrac{9}{64}$ 高。

（4）浴缸最后是空的。 　　（4）浴缸中的水注到 $\dfrac{1}{14}$ 高。

（5）浴缸最后一点水也没剩下。 　　（5）浴缸最后还剩下一点水。

哪边列出的是正确答案呢？左列答案似乎是正确的。但实际上正确的是右列的答案。

下面我们来分别看看这些问题：

（1）浴缸注水时间比排水时间短，但是我们看到右列正确答案显示，浴缸永远都不会注满水。为什么呢？似乎不难计算出注满水所需的时间。每分钟注入的水是浴缸容量的 $\dfrac{1}{8}$，而排出的水是它的 $\dfrac{1}{12}$；也就是说，每分钟浴缸中所增加的水的体积是整个浴缸容量的

$$\frac{1}{8} - \frac{1}{12} = \frac{1}{24}$$

似乎很清楚，24 分钟后，浴缸就会注满水了……

（2）第二个问题，浴缸注水的时间等于它排水的时间。也就是说，每分钟进入到浴缸中的水的体积等于排出的水的体积。很明显，无论注水时间有多长，浴缸中都不会剩留一滴水。而同时我们看到，右列正确答案是，浴缸中的水注到 $\dfrac{1}{4}$ 高。

（3）、（4）和（5）在这三种情况下，浴缸中排出的水都要比注入的水多，然而右列正确答案是，此时的浴缸中还剩下一点水。

总言之，我们所提供的正确答案似乎很荒谬。为了证实这些答案的正确性，读者不得不参与一个长时间的讨论。我们先来看看第一个问题。

（1）这个问题是著名的水槽问题的变形，而水槽问题又是由格伦阿列克桑德利斯基提出的。两千年来，这个问题一直被列入中学算术习题集；

图 74　令人头疼的给水缸注水的问题。

从物理学角度看，对于这个问题的解答是错误的。这个普遍接受的解答方案是以一个错误的假设为前提的，即只要龙头的水流适当，水就会从水面不断降低的贮槽中流出来。这个假设同物理原理是矛盾的，即水流速度随着水面的降低而减缓。因此，中学生们在算术课上所学到的知识是错误的，即认为如果整个浴缸排完水需要 12 分钟，那么每分钟排出的水就等于浴缸容量的 $\frac{1}{12}$。然而实际上完全不是这样：最初水面较高，每分钟的流量大于浴缸容量的 $\frac{1}{12}$；而接下来这个数量不断减小，当水面很低时，每分钟的流量就小于浴缸容量的 $\frac{1}{12}$。也就是说，平均每分钟的水流量等于整个浴缸容量的 $\frac{1}{12}$，但没有哪一分钟的流量是正好等于 $\frac{1}{12}$ 的，要么大于它，要么小于它。浴缸排水的例子与马克·吐温给我们讲到的笑话故事中的怀表十分类似：怀表平均下来走得十分准，一昼夜应该转动多少圈，它就勤恳地运转了多少圈。但是在上半夜怀表走得相当快，而下半夜的时间里又走得很缓慢。我们可以利用借鉴水流的平均速度来解决这个问题，即如何利用马克吐温的这个怀表来计时。

我们发现在解答这个问题时，应该更多地考虑自然属性的现实情况，而不是算数习题中所简化后的情况。这样结果就会完全不一样了。如果最初在水面还不太高的时候注水，流量小于浴缸容量的 $\frac{1}{12}$，而水面上升到一定高度后再注水，此时的流量就大于 $\frac{1}{12}$，甚至达到浴缸容量的 $\frac{1}{8}$。也就是说，在水注满之前，排水量就等于进水量了。此时水面高度就不再上升：所有龙头中流出的水都会从排水孔中流走。水面总是低于浴缸顶面。这样无论如何浴缸永远都注不满水这一点就可以理解了。下面的数学运算能证实上述分析是正确的。

（2）该问题的解答也是正确的，这点就更显而易见了。注水和排水时间均为8分钟。水面较低时（即刚开始注水时），每分钟的进水量为浴缸容量的 $\frac{1}{8}$，而流量在上面已经分析过，小于 $\frac{1}{8}$。因此，水面会上升，直到进水量等于排水量。所以浴缸不会是空的：其中应该存有部分水。我们可以由此迅速做出推断，注水时间等于排水时间时，浴缸中的水面高度为整个浴缸高度的 $\frac{1}{4}$。

（3）、（4）和（5）经过上述详细解释，我们应该不会再对剩余三个问题答案的正确性表示怀疑了。在这三种情况下，排水时间均比注水时间短。整个浴缸是不可能注满水的，但是不论进水量多小，浴缸中总是会剩余下部分水。我们来回想下，最初浴缸龙头中水的流速不可能太快，因为水面较低的情况下，流速就很小，而且流速均匀的情况下，不论流速大小，水面会继续下降。也就是说，无论怎样水槽中都会残留下部分水（哪怕量很少）。换言之，只要进水时水流匀速，任何一个带孔的柱状物中都会残留下部分水。

现在从数学角度来分析上述这些问题。我们看到，实际上，那个两千多年来作为中学生基础算术题的水槽问题远远超出了算术初学者所能解答的范围。

如果在给圆柱形水槽注水的同时打开排水孔，那么我们一起来确定下注水时间 $T$，排水时间 $t$ 以及液体所达到的高度 $l$ 之间的关系。首先对下述符号进行解释：

$H$——水槽蓄满时液体的高度；

$T$——水槽注满所需的时间；

$t$——蓄满的水槽排完水所需的时间；

$S$——水槽截面；

$c$——排水孔截面；

$w$——水槽中液面下降的秒速度；

$v$——排出液体的秒速度；

$l$——排水孔打开时水面的高度。

不难看到，如果每秒钟液面下降的速度为 $w$，那么这一秒钟内排水孔中流出的液体体积 $Sw$ 就等于液柱的体积 $cv$：

$$Sw = cv$$

由此

$$w = \frac{c}{S} v$$

但是根据著名的托里拆利公式可以得出，从排水孔中流出的液体的速度 $v = \sqrt{2gh}$，这个里的 $l$ 是液面高度，$g$ 是重力加速度。另一方面，排水孔关闭时液面上升的速度 $w$ 等于 $\frac{H}{T}$。如果要保持这个平面固定，那么只有液面下降的速度等于上升的速度，即存在这样一个等式：

$$\frac{H}{T} = \frac{c}{S} \sqrt{2gl}$$

由此固定下来的高度 $l$ 等于

$$l = \frac{H^2 S^2}{2gT^2 c^2} \tag{1}$$

这就是打开排水孔后水槽注水时的最大高度。除去其中 $S$、$c$ 和 $g$ 的大小就可以简化该公式。打开水龙头，内壁垂直的水槽内液面下降是匀速变化[1]运动，即它的初始速度为$w$，尾速度等于零。这个运动的加速度$a$可由下列方程种计算得出

$$w^2 = 2aH$$

由此

$$a = \frac{w^2}{2H}$$

将表达式$w = \frac{c}{S}v$中$w$的值代入，

$$v = \sqrt{2gh}$$

得

$$a = \frac{c^2 v^2}{2S^2 H} = \frac{c^2 \cdot 2gH}{2S^2 H} = \frac{gc^2}{S^2}$$

这样，对于上述的运动情况来说

$$H = \frac{at^2}{2} = \frac{gc^2 t^2}{2S^2}$$

由此

$$t^2 = \frac{2HS^2}{gc^2}$$

代入式子（1）中，得

$$l = \frac{H^2 S^2}{2gT^2 c^2} = \frac{H \cdot HS^2}{2T^2 \cdot gc^2} = \frac{Ht^2}{4T^2}; \quad \frac{l}{H} = \frac{t^2}{4T^2}$$

这样，上述情况中水槽液面高度占据了整个水槽高度的一部分；该高度可以通过下面的公式计算出来

$$\frac{l}{H} = \frac{t^2}{4T^2}$$

有趣的是，液面的最大高度同水槽和排水孔的形状以及截面大小都没有关系。同时，它和加速度$g$也没有关系。木星和火星上的液面和地球

---

① 对于该推断我们不做论证。

上的一样。水槽蓄满后的液体高度 $H$ 就是任何一个在 $t$ 秒钟内下降液面的高度。

*

下面我们运用推导出来的公式来解决上述问题。

（1）注水所需时间 $T=8\text{min.}$，排水所需时间 $t=12\text{min.}$。最大高度 $l$ 占水槽高度 $H$ 的比例

$$\frac{l}{H}=\frac{12^2}{4\cdot 8^2}=\frac{9}{16}$$

浴缸只能注到 $\frac{9}{16}$。无论此后的注水时间有多长，高度都不会再上升。

（2）此时，$T=l=8\text{min.}$

浴缸注到 $\frac{1}{4}$。

（3）这里 $T=8\text{min.}$，$t=6\text{min.}$

$$\frac{l}{H}=\frac{6^2}{4\cdot 8^2}=\frac{9}{64}$$

浴缸注到 $\frac{9}{64}$。

（4）$T=30\text{min.}$，$t=5\text{min.}$

$$\frac{l}{H}=\frac{5^2}{4\cdot 30^2}=\frac{1}{144}$$

浴缸注到 $\frac{1}{144}$。

（5）此时，$t<T$

$$\frac{l}{H}=\frac{t^2}{4T^2}$$

只有在下面两种情况下，所得式子才等于零：

（1）$t=0$，$T\neq 0$。也就是说，浴缸瞬间排完水，这种情况不太现实。

（2）$t=0$，$T=\infty$。这表明，关闭排水孔的浴缸永远都注不满水，换言之，秒流量等于零，龙头完全不出水。实际中，这种情况就等于水龙头关闭。

这样，只要龙头打开，浴缸不在瞬间内排空水，$\dfrac{l}{H}$ 就不会等于零：浴缸中总是会剩留一部分水。

此时，将排水孔打开，浴缸还有可能注满水吗？当然，在下述情况下是可以的，即 $l=H$，或者

$$\frac{t^2}{4T^2}=1 \text{；} \quad t^2=4T^2 \text{；} \quad t=2T$$

也就是说，如果注水时间是排水时间的二分之一，浴缸在打开排水孔的情况下仍然可以注满水。

*

计算下达到一个固定的液面高度需要多长时间。基础数学方法是不可能解决这个问题的；这个问题需要运用到积分学知识。我们给对此感兴趣的读者在下面列举出了运算过程，对于高等数学不了解的读者可以省略推导过程，直接看最终的公式。

如果用关闭排水孔时液面上升的速度（$\dfrac{H}{T}$），（$\dfrac{c}{S}\sqrt{2gx}$，这里，$x$ 是此时液面的高度。）减去未注满的水槽液面下降的速度，就得到打开排水孔后注水水槽中液面上升的速度

$$\frac{dx}{dt}=\frac{H}{T}-\frac{c}{S}\sqrt{2gx}$$

由此

$$dt=\frac{dx}{\dfrac{H}{T}-\dfrac{c}{S}\sqrt{2gx}}$$

我们用 $\Theta$ 来表示液面到达这个高度 $x=h$ 所用的时间。用方程式表示：

$$\int_{\Theta}^{0} dt=\int_{\Theta}^{0}\frac{dx}{\dfrac{H}{T}-\dfrac{c}{S}\sqrt{2gx}}$$

求这个方程式的积分，我们就得到计算达到高度 $h$ 所需时间的公式：

$$\Theta = \frac{S}{gc}\left[\sqrt{2gh} + \frac{HS}{Tc}\ln\left(\frac{\dfrac{H}{T} - \dfrac{c}{S}\sqrt{2gx}}{\dfrac{H}{T}}\right)\right]$$

（这里的 ln 表示 e＝2.781…时的对数）。

可以简化这个方程式。从式子 $wS=vc$ 和 $v=\sqrt{2gh}$ 中，我们得到，水槽排水时从高度 $h$ 下降的速度 $w$ 等于

$$w = \frac{dh}{dt} = \frac{cv}{S} = \frac{c\sqrt{2gh}}{S}$$

因此

$$dt = \frac{S}{c\sqrt{2g}} \cdot \frac{dh}{\sqrt{h}}$$

而且

$$\int_t^0 dt = \int_0^k \frac{S}{c\sqrt{2g}} \cdot \frac{dh}{\sqrt{h}}$$

由此

$$t = \frac{2S\sqrt{h}}{c\sqrt{2g}}$$

一系列的代换之后，我们得到下面这个 $\Theta$ 的式子：

$$\Theta = -t\sqrt{\frac{h}{H}} - \frac{t^2}{2T}\ln\left(1 - \frac{2T}{t}\sqrt{\frac{h}{H}}\right)$$

其中没有水槽截面 $S$ 和排水孔截面 $c$，也没有重力加速度 $g$。最终式子表明，无论在哪个星球上，注满水槽所需的时间都是一样的。

*

如果想知道水槽中的水何时才能达到最大高度，那么我们会得出这样一个结论：这只可能在无限长的时间内实现，换言之，这是不可能的。这个结论在预料之中，很容易就推导出来。因为随着液面不断靠近最高点，液体上升速度一直在减小；液体越靠近这个点，它的速度就越小；很明显，

液面不可能达到这个高度，而只有尽可能地去接近。

但是为了解决实际问题，可以换种方式提问。实际上，液面达到最大高度还是只达到这个高度的百分之一，这两者是没有比较意义的。而这种接近达到所需的时间是可以通过上述公式计算出来的，代入 $h=0.99l$，这里 $l$ 是最大高度，得：

$$\Theta = -\frac{t^2}{2T}\,(0.995 - \ln 0.005) = 2.15\,\frac{t^2}{T}$$

即

$$\Theta = 2.15\,\frac{t^2}{T}$$

将其应用到上述五种情况中：

（1）$T=8$min.，$t=12$min.

$$\Theta = 2.15\,\frac{12^2}{8} = 38.7\text{min.}$$

实际上约 39 分钟后，液面才达到一个固定高度。

（2）$T=t=8$min.

$$\Theta = 2.15\,\frac{8^2}{8} = 17.2\text{min.}$$

即，约 17 分钟后，液面才达到一个固定高度。

（3）$T=8$min.，$t=6$min.

$$\Theta = 2.15\,\frac{6^2}{8} = 9.7\text{min.}$$

约 10 分钟后液面达到一个固定高度。

（4）$T=30$min.，$t=5$min.

$$\Theta = 2.15\,\frac{5^2}{30} = 1.8\text{min.}$$

实际上，不用两分钟液面就能达到最大高度。

最后，如果要给打开排水孔的水槽注满水，那只有在前面假设的情况下才能实现，即 $t=2T$，那么所需时间为

$$\Theta = 2.15\,\frac{t^2}{T} = 4.3t = 8.6T$$

关于水槽问题我们就分析到这。说服读者认同这个道理，这个过程远

要比那些粗心大意地向初中生提"水池问题"这类算术习题的出题人想像得复杂。

## 2.79　水漩涡

【题】给浴缸排水的时候，我们会发现排水管附近有水漩涡。漩涡会按哪个方向旋转：顺时针还是逆时针？

【解】这个命题中提出的问题在几年前就曾引起过著名的数学家格拉维院士的注意，他写道："如果借助水槽底部的排水孔排水，那么在排水孔上部就会形成一个漏斗形的漩涡，这个漩涡在北半球沿逆时针运动方向旋转；而在南半球就会沿另一个方向旋转。每个读者都可以放掉浴缸中的水，自己来检验上述观点是否正确。为了更好地观察漩涡的旋转方向，可以朝水中扔些纸屑。只要在家中用最简单的方法就能操作一个验证地球自转的有效实验。"

由此学者还作出了一些实用性的结论："由上述分析可以得出一些有关水轮机的重要结论。如果卧式水轮机沿逆时针方向旋转，那么地球自转就能帮助涡轮机做功。相反，如果涡轮机沿顺时针方向旋转，那么地球自转就阻碍它做功。"格拉维最后总结："因此在预订新涡轮机时，为了使涡轮机沿有利的方向旋转，应该严格要求轮叶的倾斜方向。"

这些推断似乎非常正确。大家都知道，地球自转导致气旋产生漩涡状的扭曲，铁路上右边的铁轨磨损更加严重等。似乎可以猜测出，地球自转更加影响到水槽中的水漏斗和水轮机。

但是我们不能完全相信最初的印象。对浴缸排水孔附近水漏斗的观察结果很容易就被检测出来，但实际上这些并不是这样：水漩涡有时是沿逆时针旋转，而有时是沿顺时针旋转的。特别是当参与观察实验的不是同一个水槽，而是不同的水槽时，不仅运动方向不稳定，而且运动趋势也不明显[①]。

运算得出的结果与观察情况一致。该结果表明，此时产生的回转（"科里奥利索夫"）加速度的值相当小。运用下列公式

$$a = 2v\omega\sin\varphi$$

这里，$a$ 是回转加速度，$v$ 是物体的运动速度，$\omega$ 是地球自转的角速度，$\varphi$ 是地处纬度[②]。比如，在圣彼得堡所处的纬度上，水流速度为 1m/s，那么 $v=1\text{m/s}$；$\omega = \dfrac{2}{86400}$；$\sin\varphi = \sin 60° = 0.87$；

$$a = \frac{2 \cdot 2 \cdot 0.87}{86400} \approx 0.0001\text{m/s}^2$$

因为地球的重力加速度等于 9.8m/s²，那么回转加速度就是重力加速度的十万分之一。换言之，所形成的作用力是旋转的水漩涡重力的十万分之一。很明显，只要水槽底部装置中有一点不平整，装置相对于排水孔位置不对称都会对水流方向造成影响，而且这个影响要比地球自转对它造成的影响大得多。对同一水槽的排水情况进行的多次观察表明，旋转方向是相同的，而这一点并不能证实预期设想的旋转规律，因为确保漩涡方向相同的前提条件是水槽底部的形状以及它表面的粗糙度，而不是地球的自转。

也就是说，对于这个问题应该这样回答：无法预知排水孔附近的水漩涡的旋转方向；这个方向是由具体情况决定的，而不是通过计算得出的。

而且通过运算表明，该液体中由地球自转形成的漩涡直径要比排水孔

---

① 为了证明这一点，我曾组织过一次针对格拉维院士推断的集体测验，其中邀请了一家科普杂志的数名读者参与。此次活动的每名参与者都应该观察十次，浴缸、洗脸盆、水槽等容器中的水流出时形成的漩涡沿哪个方向旋转，然后告诉我，十次观察中有几次是逆时针旋转。尽管此次调查参与的读者不多，但是对比所获材料可以得出这样个结论，逆时针方向旋转的次数并不多。

② 读者可以在地球物理学教程中找到这个公式的结论。我们所熟悉的沙奥卡利斯基的著作《海洋学》十分清晰地论证了这一点。

附近的要大得多。比如，处在圣彼得堡市的纬度上，流速为 1m/s，该漩涡的直径就达到 18m，而速度为 0.5m/s 时，直径就为 9m（与流速成正比）。

　　继续谈谈地球自转对水轮机做功的预期影响。从理论上可以证实，地球自转会促使每个旋转着的轮状物的轴线同地轴平行，而且它们的旋转方向也相同[1]。别利在自己一本关于回旋体的书中写道："所有绕轴线旋转的物体当前都处在运动之中，其轴线总是有偏向北极星的趋势；但无论旋转的物体怎样极力挣脱托架，这个趋势还是不能实现。"

　　地球自转对于水槽排水时形成的水漩涡的作用力也是非常微小的；换言之，地球自转的作用力不到重力的十万分之一。因此，只要涡轮机旋转体外壳的不均质性是不可能避免的，它对于水漩涡的作用力就要起主要作用，而地球自转对它的影响就微不足道了。所以，格拉维院士在上文中提到的地球自转"能够帮助旋转装置做功"这一点就不再具有说服力了。

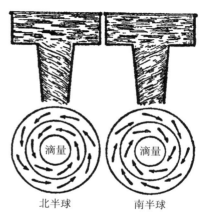

图 75 《漩涡运动示意图：上面显示浴缸在流水，下面显示旋流器中的空气》插图选自格拉维院士的论文。

## 2.80　春汛和枯水期

　　【题】为什么春汛期间河水表面更容易凸起，而在枯水期（即水面较低时）却是凹下去的？如图 76–77 所示。

　　【解】春讯和枯水期河水表面的曲度有差异，是因为水体中部轴心部

―――――――――

[1] 感兴趣的读者可以参考 Otto Baschin 的论文《地球自转对于旋转轮状物的影响》（发表在《自然智慧与科学懊恼》杂志上，1923 年，第 52 期）。

图 76 春汛期间的河水表面。

图 77 枯水期的河水表面。

分（"正河身、主流线"）的速度比水体边缘部分的速度大：主流线上的河水要比岸边的河水湍急。因此在春讯期间，上流河水猛增，流到主流线时水量最丰沛；每秒钟轴线附近聚集的水量也比河岸边缘处的水量多；显然，河水中央涨起来。相反，枯水期间水量减小，河水流到下游，主流线上的河水流失量要比岸边的大得多，这样，河水表面就要凹陷下去了。

上述现象在开阔的河道中表现得更为明显。列克留在《地球》一书中写道："密西西比河讯期河水的平均横向高度为一米。伐木工人都知道这个现象：汛期将木材流放到河水中，木材会被抛向岸边（从河水凸处滑落下来），而在枯水期，木材总是漂浮在河道中央（蓄积在河道低洼处）。"

## 2.81　波浪

【题】为什么海浪拍击斜岸时，形成的波峰是弯曲状的？如图 78 所示。

【解】拍击到斜岸上海浪的波峰之所以呈现弯曲状，可以这样解释：水体表面波浪的传播速度取决于该水体的深度，准确地说，速度同深度的平方根成正比。波浪在海面上运动时，

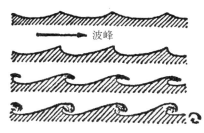

图 78　为什么拍岸时的波峰呈现出弯曲状？

其波峰要比波谷高；因此，波峰应该比在它前面的波谷运动得快些，波峰就会超过波谷，从而向前弯曲。

这个原理还可以用来解释另外一种海岸边观察到的波浪现象：撞击到岸上的浪脊同海岸是平行的。因为波浪成一定角度平行靠近海岸时，前端更靠近海岸的那些波浪就会减速。不难设想，由此波浪会朝向海岸运动，直到波浪与海岸不再保持平行。

# 第三章　气体的性质

## 3.82 空气的第三种主要成分

【题】请说出空气的第三种主要成分。

【解】现在还有很多人习惯地认为，除氮和氧之外，空气中的第三种常规成分是二氧化碳。然而很久前人们就已经发现，空气中存在一种气体，它的含量是二氧化碳的 25 倍多。它就是氩，通常称其为一种惰性气体。它的含量约为空气的 1%（准确说是 0.94%），然而二氧化碳只占空气的0.04%。

## 3.83 *最重的气体*

【题】请说出最重的气态元素。

【解】通常认为最重的气态元素是氯（重量是空气的 2.5 倍），这种观点是错误的。还存在着几种比氯更重的元素。如果不考虑极易扩散的氡气或者镭射气（镭的放射物，重量是空气的 8 倍），那么最重的气态元素应该是氙（它是空气的 $4\frac{1}{2}$ 倍）。大气中的氙相当少：150m³ 空气中只有 1cm³ 的氙。

如果只要求说出气体，而不是气态元素，那么最重的气体应该包括：$SiCl_4$ 四氯化硅（是空气的 $5\frac{1}{2}$ 倍），$Ni（CO）_4$ 羰基镍簇（是空气的 6 倍）以及 $WF_6$ 六氟化钨。无色气体六氟化钨的沸点是 +19.5℃，它是我们已知的最重的气体：它的重量是空气的 10 倍。

比氯更重的汽体有溴（是空气的 $5\frac{1}{2}$ 倍）和汞（是空气的 7 倍）。（汽体区别于气体的最大特征是：气体温度高于临界温度，而汽体则相反。）

## 3.84  我们能承受 20 吨的压力吗?

【题】如果人体表面积等于 $2m^2$,那么人体所受
的大气压可能达到 20t 吗?(如图 79 所示)

【解】许多教科书和科普读物的传统观点认为,
讨论人体是否能承受住 20t 的大气压是没有意义的。
我们先来看看这 20t 的压力从何而来。运算过程如
下:每平方厘米身体表面受到的压力为 1kg,而身
体表面积有 20 000 平方厘米;"因此,总重量等于
20000kg"。我们完全忽视了一个问题,附着在身体
不同点上的力作用的方向是不同的,而从算术角度
出发,将这些互成角度的力相加求和的运算是没有
意义的。当然可以通过矢量相加的方法求这些力的
和,但是所得结果和上述完全不一样了:所有压力
的合力等于身体体积内部空气的重量。如果分析的
不是这个合力的大小而是身体表面压力的大小,那
么就只能得出身体所受压力为 $1kg/cm^2$ 的结论。以
上浅显地分析了我们身体所受到的大气压。

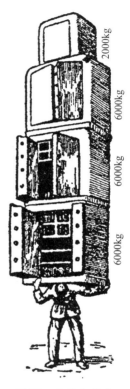

图 79  人体能承受
着 20000kg 的重量?

这个压力容易发生改变,因为它是靠内部压力平衡的,而且实际上这
个压力的绝对值并没有那么大,而只有 $10g/mm^2$。这样就解释了,为什么
我们身体组织的细胞壁没有被来自两个方向上的压力压坏。

如果换种方式提问,就能更为科学地得到大气压的值。比如:

(1)大气压给身体上部施加的力有多大?

(2)大气压给身体左右两侧施加的力有多大?

回答第一个问题需要计算出身体横截面（约 1000cm$^2$）受到的总压力，得到的结果是 1t。第二种情况下应该确定身体纵截面（约 5000cm$^2$）受到的总压力；所得结果是 5t。但是这么令人惊奇的数字表明，实际结果并不比我们曾经了解到的大，身体截面 1cm$^2$ 上受到的力是 1kg。这只是同一种结论的不同表述。

在上述情况中将单位压力换为总压力是没有意义的。而只有在下述情况下才是适当的，即总压力是一个运动的力时，如蒸汽机气缸中的活塞受到的蒸汽施加的压力。而应用到人体上时，类似的算术练习是没有意义的，如图 79。

## 3.85 呼气时所用的力

【题】我们呼出的气体的压强同一个大气压相比是大是小？

【解】我们平缓呼吸时呼出气体的压强比外部空气略大 0.001at。

呼气时如果憋住一会儿，那么这个压强就要比正常时大得多，该压强比外部空气大 0.1at。这个压强等于 76mm 水银柱。这就是我们呼气所用的力。当我们朝开口的水银气压计曲柄处吹气时，水银面会上升，这个力就表现很明显：此时应该收缩胸肌猛吸一口气，水银面才能上升 7–8cm。（而经验丰富的吹制玻璃制品的工人能让仪器中的水银面上升 30cm，甚至更高。）

## 3.86 火药气体的压强

【题】火药大约需要多大的压强才能将炮弹助推出去？

【解】现在发射炮弹，火药气体的压强应该达到 7000at；这就等于

70km 高水柱的压强。

## 3.87　倒置水杯中的水

【题】大家都知道，如果将盛满水的杯子倒置，纸片不会从杯口掉落，如图 80 所示。这个实验经常出现在初级教科书上，并且被广泛引用到科普读物中。通常是这样解释的：纸片下方受到外部空气的压强是一个大气压，而上方内部的水对纸片施加的压强是一个大气压的几分之一（两者的比例等于杯子与十米气压水柱之间的高度比例）；多余的压强就让纸片紧压杯口而不掉落下来。

图 80　为什么纸片不会掉落？

　　如果这种解释是正确的，那么纸片贴住杯口的压强大小就约为一整个大气压（0.99at）。如果杯口直径为 7cm，那么纸片所受的作用力大小就约等于 $\frac{1}{4} \times 7^2 \approx 38kg$。但是很显然，纸片掉落并不需要这么大的力，一个很小的力就足够了。重几十克的金属或玻璃片完全不可能贴紧在杯口上，它们会受重力作用而掉下来。所以常规的那种解释还不具备说服力。

　　那么，到底应该如何正确解释呢？

　　【解】尽管纸片紧贴水面，但是这并不能说明杯中只有水而没有空气。假设两个相接触的光滑物体之间没有空气夹层，那么我们就不可能从光滑的桌面上将光滑的物体拿起来：必须克服大气压。用纸片盖住水面时，其中总会留下一个很薄的空气夹层。

　　将水杯倒置过来，仔细观察此时发生的状况。在水重力的作用下，纸片会稍稍向下凸处，如果用薄板代替纸片，那么薄板会从杯口坠落下来。

无论怎样，杯底有部分空间留给了原本位于水和纸片之间的少量空气；这个空间要比先前的大；空气间隔增大，压力就会减小了。

现在作用在纸片上的压强有：外部——大气压，内部——大气压加上水的重量。

内外两个压强均衡。因此，只要对纸片施加一个很小的力就足以克服附着力（液体薄膜表面的拉力），纸片也就会掉落下来。

在水的重量的作用下，纸片凸起的幅度并不大。当含有空气的空间大小增加百分之一时，杯中空气的压强就减小百分之一。这减少的百分之一的大气压就等于 10cm 高的水柱。如果纸片和水之间的空气夹层最初的厚度为 0.1mm，那么用厚度 0.1 乘以 0.01，即 0.001mm（1 微米），就足以让纸片伏贴在倒置的杯口了。因此，直接借助内部气体就可以让纸片凸起而不需要其他外力。

有些书在描写这个实验时，要求杯中一定要盛满水，否则实验就不会成功：纸片两面都存在气体，而这两边的气体是均衡的，所以纸片就会受水的重力影响而掉下来。做完这个实验我们会发现，上面这种猜测是毫无根据的：纸片仍然牢牢地贴在杯口。把纸片抚平后，我们看到杯中有些小气泡。这说明，杯中的空气很稀薄（否则外面的空气不会透过水钻到水面上的空间内）。很明显，将水杯倒置时，水层会向下流，挤压部分空气，而剩下的那部分占有更大容量的空气就稀薄了。相对于满水杯而言，这里空气稀薄的程度更大，将纸片折卷后透进水杯的气泡就能说明这一点。空气越稀薄，纸片就贴附得更紧。

然而这个实验并不像原先想像得那么简单，彻底弄清楚还需要研究下这个问题：在上述情况下为什么就需要用纸片来封住倒置的盛有水的杯子呢？难道气压就不能直接作用到杯中的水而让它不流出来吗？

纸片的作用上文中已经做了部分解释，下面继续做补充。

设想下有一根弯曲的虹吸管，两边的弯管一样长，如图 82 所示。如果该管装满液体，且管两头的开口在同一水平面上，那么管中的液体就不会流出来；但是如果虹吸管微微倾斜，那么位于

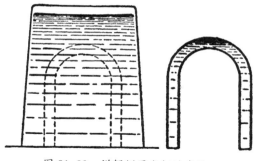

图 81-82　详解倒置水杯的实验。

下端的开口就会流出液体；由于液体在流出的过程中两边液面的差距越来越大，那么该液体就会流得越来越快。

现在就不难解释，为什么如果要让杯中的水不流出，倒置杯中的液面就应该保持水平了（此时纸片就发挥了作用）。的确，如果液体表面的一个点比另一个点低，那么我们就可以把这两个点看作是虹吸管的两端，液体就不可能处于平衡状态了，杯中的水就会全部流出来，如图 81 所示。

## 3.88　飓风和蒸汽

**【题】** 试比较飓风产生的压强和蒸汽机汽缸中蒸汽做功时的压强，哪个力更大些？大多少？

**【解】** 即使是最具毁灭性的飓风，即能将百年橡树连根拔起并能推倒石墙的飓风，它的压强都小于气缸中蒸汽的压强——每平方米上这个压力（准确说，这个压力比大气压还大）为 300kg，如果换成平方厘米，那么就有

$$300 : 10\,000 = 0.03 \text{kg/cm}^3 = 0.03 \text{at}$$

这个数字还很保守；如果不考虑超大压力的气缸，一般气缸中蒸汽的压力就达到几十个大气压。因此可以这样说，最强烈的飓风所产生的压强是气

缸蒸汽压强的几百分之一。

如果将这个数字同嘴吹出的气流的压强值相比较，那么得到的结果更令人吃惊。我们吹出的气流速度是强飓风的几十倍，但是由于气流量太小，所以我们不能像童话中的巨人一样吹动轮船运动。

## 3.89 哪个含氧气更多些?

【题】将我们呼吸的气体和鱼类呼吸的气体相比，哪种气体更富含氧气?

【解】我们呼吸的空气中氧含量约为21%。可以确定，水中溶解的氧是氮的两倍。这样，溶解的空气中含氧气量更多：溶解在水中的空气里的氧含量为34%。（空气中的二氧化碳为0.04%，在水中则达到2%。）

## 3.90 水中的气泡

【题】将盛有冷水的杯子放到温度较高的室内中，就会出现一些小水泡。请解释这种现象。

【解】冷水中的气泡加热后就会成为气体：它会变为溶解在水中的部分空气。气体与固体的溶解性不同，前者在温度升高时就会减小。因此在水受热时，之前溶解在水中的部分气体会挥发出来，而其余的气体就以水泡的形式存留下来。

下面是相关的数据（一升水中的空气含量）：

10℃ 时（自来水）　　　　　$19cm^3$

20℃ 时（自来水）　　　　　$17cm^3$

每升水中应该分解出 $2cm^3$ 的空气。如果水杯容量为 1 升，那么在上述条件下，整杯水就能分解出 500mm³ 的空气。如果水泡的平均直径为 1mm，那么这些空气就能产生近千个水泡了。

如果直接从自来水龙头中取水，那么水泡形成的原因还有一点：水管道中的水所受的压力大于一个大气压，因此溶解在水中的空气量就会增加。处于正常气压下，水不会溶解剩余的空气：水中就会出现气泡。

## 3.91 为什么云层不会掉落？

【题】为什么云层不会掉落？

【解】经常会听到这样的答案："因为水蒸气要比空气轻。"水蒸气的确比空气轻，这是不争的事实；但是云不是由水蒸气构成的。水蒸气是看不见的；假设云是由水蒸气构成的话，那么云就是完全透明的。云和雾（同一种物质）是由分散的液态水构成的，并不是一种气态。但是这还是不能解释，为什么云层漂浮在空中而不掉落到地面上来。

以前，学界曾广泛认同这样一种观点，云是由充满蒸汽的水汽泡微粒构成的。现在这种观点被推翻了：云雾是由直径为一两百分之一微米（经常小到 0.001mm[①]）的水滴构成的。虽然这些小水滴的单位质量是干燥空气的 800 倍，但是水珠在降落过程中遇到的空气阻力很大，以至于降落相当缓慢。通常说，它们的"受风面积"相当大。比如，半径为 0.01mm 的水珠匀速降落的速度为 1cm/s。实际上云层不是漂浮在空气中，它们是在降落，只不过这个降落过程进行得十分缓慢；只要一股非常微弱的上升气流就可以托住云层，不但让它不下沉，反而上升。

因而，实际上云层是在下沉，只是要么因为速度太缓慢而察觉不到，

① 每立方厘米的云层中平均包含有几百万颗这样的水珠（直径为 0.001mm）。

要么因为上升的气流掩盖了真相。

同理，尘埃也可以浮在空气中，尽管许多尘埃（如金属尘埃）是空气重量的几千倍。

## 3.92 子弹和球

【题】飞行的枪弹和被抛入空中的球，哪个受到的空气阻力更大些？

【解】一般人都会认为，快速飞行的子弹在较轻的介质（如空气）中不会遇到明显干扰自身运动的障碍物。恰恰相反，正是因为子弹运动速度大，它飞行时遇到的空气阻力也就相当大。我们知道，步枪的射程能达到 4km。那么假设不存在空气阻力，子弹又能射多远呢？实际上是原来射程的 20 倍！这看上去似乎是不可能的；下面我们就通过运算来证明。

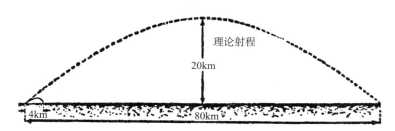

图 83 空气是如何影响子弹飞行的；子弹射程不是 80km，而是 4km。

子弹离开枪管时的速度约为 900m/s。通过力学得知，真空中，如果要求物体飞行距离最远，那么就应该沿水平面 45° 夹角将物体扔出去；距离通过下列公式计算

$$L = \frac{v^2}{g}$$

这里的 $v$ 是初始速度，$g$ 是重力加速度。而在上述情况下 $v=900$m/s，$g \approx 10$m/s$^2$。代入后得出：

$$L=\frac{900^2}{10}=81000m=81\text{km}$$

空气之所以对子弹飞行造成巨大影响，是因为介质阻力的值不是和速度本身，而是和速度的幂成正比例关系。这就是空气对运动速度约为 20m/s 的球所造成的阻力并不大的原因（无条件地将力学公式应用到被抛出的球后，所得到的空气阻力完全可以忽略不计）。假设在真空中，沿水平面 45° 夹角将球扔出去，球的运动速度为 20m/s，那么球就会在 40m 远的地方落下（$20^2\div10$），实际情况下球的飞行距离就约等于这个值。

图 84　空气是如何影响球运动的：球飞行时形成的不是抛物线（虚线），
而是弹道曲线（实线）。

力学教师在出计算题时，可以同时采用这两个例子，即被抛入空中的球的运动和炮弹的飞行情况：因为只要忽略掉炮弹运动时受到的空气阻力，最终两者飞行的距离就会非常接近，并没有我们想像中那样差距很大。

## 3.93  为什么可以称出气体的重量?

【题】物理知识告诉我们，气体分子处于不断运动之中。那么真空容器中分子的重量施加到了容器底部，这种现象该如何解释?

【解】这个问题时常困扰着学生，但是很多教科书却没有对此表示关注。然而这个问题很基础，需要分析清楚。

为什么靠近地表容器中的气体施加给底部的压力要大于容器上壁受到的压力，而且为什么这个压力大小正好等于容器中分子的总重量。

原因在于，容器内上部和下部气体的密度并不相同：同空气中一样，高处的密度要小些。压缩程度更大的气体施加的压力当然要大一些，这就是相对于容器上壁而言，气体对下壁施加的压力更大的原因。

通过具体实例可以得出，这个压力大小正好等于容器中所含空气的重量。比如有一个圆柱体容器，高为20cm，截面为100cm$^2$。拉普拉斯公式告诉我们，常温下，空气每升高20cm，密度和压力就减少1/40000。如果容器中的空气也处于常温下，那么容器底部气体的密度就比上部的多1/40000。同样，压力之差也等于1/40000。假设此时的空气置于 $n$ 个工业大气压下。它给 100cm$^2$ 施加压力的重力大小为

$$1000 \times n \times 100 = 100000ng$$

底部受到的压力大小等于这个值的四万分之一，即

$$\frac{100000n}{40000} = 2.5 \times ng$$

这也是容器中气体的质量大小，因为该容器的容量等于 2 升，而常温中一个大气压下一升空气重约 1.25g;

$$1.25 \times n \times 2 = 2.5n$$

这样该问题就解决了。

## 3.94　模仿大象

【题】大象可以淹没在水下，把鼻子伸到水面呼吸，如图 85 所示。而当人尝试模仿大象，即用管子紧贴近嘴，代替象鼻时，嘴鼻耳都会出现流血的情况，最后症状不断恶化而亡，即使是优秀的潜水员也难以幸免。为什么呢？

【解】在古代和中世纪就有人认为，用这种方法潜水十分适用于潜水员。格尤恩特在《征服深度》一书中写道："以前人们认为，只要身着特制不透水的潜水服，而且保证潜水服上的导管与水上世界通氧，就可以潜入水下了；此时可以呆在水下的时间不受限制，如果方便甚至可以在水底踱来踱去。15 世纪的一些图片证实了这个观点的存在。我们还从比较过象鼻和潜水员空气导管的亚里士多德（公元前 350 年）的观点中得到了一个启示。

假设一切如上述所说，那么潜水员就不会遇到任何问题了。但实验明显推翻了这个说法。早期潜水员经验比较缺乏，我们得知，潜水员的口耳鼻中都会出血，并且每次潜水都会给潜水员造成严重的后遗症。

为什么会这样呢？一战开战前不久，维也纳学者什基格列尔完成的旨在科学解释潜水状况的研究就解释了这个问题。

将一个长约 30cm 的相当粗的管子插入口中，用手指捏紧自己的鼻子，把头浸入水中，通过位于水面的管子呼吸。做过这个实

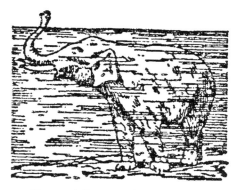

图 85　为什么人不能像这样模仿？

验的人都知道，当头没到水下几厘米时，呼吸就已经相当困难了。在人完全不能呼吸的情况下，加长吸管后能潜水多深？我们发现，水柱为 1m 时，呼吸就会完全停止。什基格列尔在进一步的研究实验中发现，人在深度为 60cm 的水下只能停留 3 分钟，而在 1m 时停留 30 秒钟，$1\frac{1}{2}$ 米时仅停留 6 秒。将人置于 2m 深的水下仅靠吸管呼吸，结果几秒钟后心脏开始膨胀，此后人卧病三个月。

到底哪些现象可以解释这一点呢？不难理解，人的胸腔、肺部和心脏表面都承受着外部空气的压力。身体表面还受到来自上面水层（等于潜水深度）的压力。这个水的压力不仅使呼吸困难，还阻碍血液循环；正是这个压力将血从腹腔和四肢挤压出来，而且相应的血管也受到挤压，这样心脏就无法从中吸收血液了。

由此，什基格列尔研究了一些动物实验。他写道，

"一段时间后血液循环功能下降，脉搏不稳并间歇性停止跳动。如果外部压力继续加大，胸腔器官和四肢功能衰退，心脏和肺部供血也会停止。最后，动物的胸部细胞会受到挤压。即使压力差距不大，呼吸还是会变得很衰弱，直至停止。

解剖上述实验中的动物，我们会发现，腹腔失血过多；而此处切口导致的流血量相当小：腹腔血管内几乎没有血，而解剖胸部细胞时发现，器官充血过量：心脏和大多数血管一样充血过多而胀裂；肺部也是这样。

由此可知，为什么外部压力加大时，潜水员肺部血管会破裂，而且口鼻中都会流血了。耳朵流血是因为过大的压力会导致鼓膜内充血（鼓膜内的压力比身体表面的小）。"

可能读者还会问，那为什么我们还能够潜入较深的水中呆上较长时间，而且身体也不受到伤害呢？因为潜入水下的情况是完全不一样的。在跳水

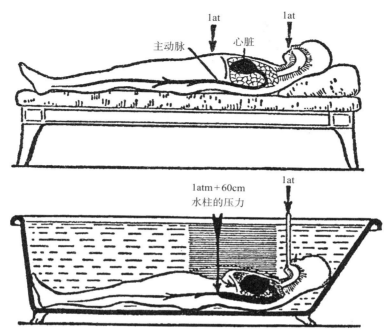

图86　当人处在空气中（上图）和浸在水中（下图）时，受到一个大气压作用后，人体分别会有什么样的变化。插图解释了，为什么人不能像大象那样在水下呼吸。（如图85）

之前，潜水员吸入了足够的空气到肺里；随着身体潜入水中，肺中的空气受到的水的压力越来越大，同时它也在向外施压，这个压力大小就等于外部水的压力。因此心脏内不会充血过量。同理身着潜水服的潜水员和水箱中的工人也就都不会受到伤害了（全身加压服中密封的空气压力等于外部水的压力）。

　　还剩下一个关于大象的问题：为什么没在水中的大象将鼻子伸到水面上呼吸就不会死亡？因为它是大象：假设我们也有如同大象一般强健的身体、结实的肌肉，那么我们也能潜入到这个深度下而不受伤害。

## 3.95 在平流层中气球吊篮中的压强

【题】平流层中有一个气球的球形吊篮直径为 2.4m，其科尔楚吉诺硬铝合金壁厚度为 0.8mm。

吊篮在飞行状态下内部的压力不小于一个大气压，而当球处在 22km 的高空中时，外部空气的压强约为 0.07at。每平方厘米吊篮受到内部压力的作用，这个压力等于 0.93kg。不难计算出，40t 的力就可以将这个半球撑破。

那为什么在这么大的压力下吊舱没有像空气泵中的儿童气球那样爆裂呢？

【解】导致吊篮破裂的力相当大，这是完全正确的。但是这并不能表明，吊篮就会破裂掉。计算下，如果吊篮破裂，气囊截面每平方厘米上受到的作用力有多大。将球形吊篮撕裂成两半的力等于

$$0.93 \times \frac{\bullet}{4} \times 240^2 \approx 42000\text{kg}$$

（应该考虑的不是半球的表面积，而只是它的投影平面，即圆圈的面积。）这个力施加到两个半球的接触面——圆形的表面上，如图 87 所示。球形吊篮的厚度为 0.8mm=0.08cm，因此，这个圆形的表面积就约等于

$$\bullet \times 240 \times 0.08 \approx 60\text{cm}^2$$

一平方厘米上受力大小为

$$42000 : 60 = 700\text{kg}$$

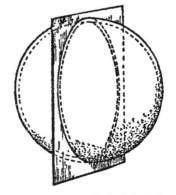

图 87 平流层气球吊舱圆面的大小

同时在 4500–10000kg/cm² （45000–100000H/cm²）的压强下，吊篮的

材料——钢也会破裂。此时的危险是原来的 7-15 倍。

## 3.96 向气球的悬篮中导入绳子

**【题】** 向高空气球的吊舱内引入一根阀门绳。如
何导入，舱室内的空气才不会逸到外面的稀薄气
体中。

**【解】** 皮卡尔教授想出了下面这个简单的方法。
在吊舱内安置一根虹吸管，它的长弯管接通外界空
气。在管中注入水银。因为吊舱内部的压力不可能
比外部压力多出 1 个工程大气压，所以长弯管中水
银面不会比短弯管中的水银面高出 76cm。通过水银
导入阀门绳，绳运动时不会影响到两个水银面间的
落差。因此，可以大胆地拉动绳子，而不用担心将

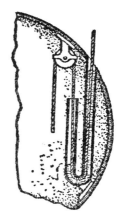

图 88 皮卡尔如何将
阀门绳导入吊舱。

悬篮中的空气放出去：因为绳子滑动的槽道一直都浸在水银中。

## 3.97 悬挂在天平上的气压计

**【题】** 气压柱的上端固定在秤盘上；另
一端放有砝码保持平衡，如图 89 所示。

如果气压计上的压强发生变化，会破坏
天平的平衡吗？

**【解】** 观察悬挂在天平上的气压柱，有
人会认为，柱中水银面的变化不会影响到
天平的平衡：因为水银柱支撑在容器下部

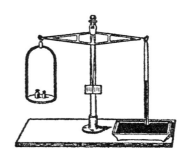

图 89 如果大气压发生变化，
天平会晃动吗？

的水银上，而不会对支点造成压力。然而事实上，气压计上气压的任何变化都会破坏天平的平衡。

下面来解释原因。气压计上部受到一个大气压，这个压强不会受到内部的任何反作用：水银上部是空的。因此，和天平托盘上另一边的砝码保持平衡的不仅有气压计玻璃管，还有气压计管所受到的一个大气压；因为玻璃管截面受到的大气压力完全等于管中水银柱的重量，所以砝码就和整个水银气压计保持平衡。这就是为什么气压计上任何变化（即玻璃管中水银面的任何波动），都会破坏天秤的平衡。

根据这个原理人们发明了天秤气压计，这个气压计上有一个记录气压指数的装置。

## 3.98　空气中的虹吸现象

【题】怎样不借助任何仪器，就可以使液体产生虹吸现象？在这里，我们不能用弯曲导管的方法，不能使用使虹吸现象产生的通常的方法——先向容器里冲入液体，再将虹吸管插入液体中。（吸管几乎被液体充满）（图90）

图 90

【解】问题的关键在于，需要使虹吸管中的液体上升，直至超过容器中液体的高度，达到虹吸管弯曲处。管中液体越过弯曲处之后虹吸现象就开始发生。如果利用下文所提到的液体的特性，这个目的不难达到。这个特性虽然很简单明了，但很少被注意到。

取玻璃管一只，管口大小要合适，能用大拇指封严。先用拇指封严管

口，然后放入水中，当然不能让水渗入管中，但移
开拇指时，液体迅速充入管中，我们就会发现起初
管中水上升到了大于容器中水位的高度，但是很快
管中液体高度又和外边液体的高度持平了（图 91）。

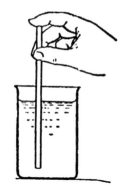

我们来解释一下为什么开始管中液面高于容
器中的液面。据托里拆利公式算出，在松开拇指
的时候，管中液体在最低点的速度 $v = \sqrt{2gH}$，其
中 $g$ 为重力加速度，$H$ 为管子低端离容器液面的深

图 91　问题 98 的答案

度。这之后，液体在管中上升的速度没有因为重力的原因而减小，这是因
为管中上升的那部分液体总是被其下的液体支撑。这里不会发生我们向上
抛球时所观察到的现象。向上抛掷的小球参与了两个运动——向上的匀速
运动（以起始速度匀速运动）和向下的匀加速运动（由重力引起）。而在玻
璃管中没有第二个运动，因为液体在上升时总是受到其下上升液体的支撑
作用。

最终，进入玻璃管中的液体达到容器中液体的高度时速度等于液体的
初始速度，即 $v = \sqrt{2gH}$。不难想象，理论上它应该再上升一个高度 $H$。
由于摩擦力作用这个上升高度很明显小于 $H$。另一方面，如果玻璃管顶部
变窄，这个上升高度也会增加。

不难猜到，我们会怎样根据上面的描述使虹吸现象发生。用拇指将虹
吸管的一端封严，把另一端放入液体中，尽量深点（以此提升初始速度：
$H$ 越大，$v = \sqrt{2gH}$ 就越大）。然后快速将拇指从玻璃管口移开：液体上升
超过玻璃管弯曲处，就会流入另一段管壁中——虹吸现象就开始发生了。

上面所提到的虹吸发生的方法在实际运用中起来其实很方便。图 92
中，左图所展示的就是这种自动虹吸现象。经过上述解释，它的工作原理
就很明了了。为了尽可能多地提升第二个弯曲点的高度，虹吸管相应的部

分的直径被缩小了（图92，右图）。这样，当液体从管口粗的部分流入细的部分所升高的高度就会大些。

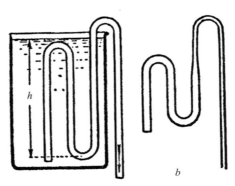

图92　事先没有充水的虹吸现象。

## 3.99　真空中的虹吸现象

【题】真空中会产生虹吸现象吗？

【解】"在真空中能否利用虹吸作用使液体流动？"，对于这个问题人们总是会很明确地回答"不能"。我从学生、从中学教师、甚至从比较高级的专家那里都听到过这样的回答。大多数中学教科书和相当一部分大学教科书中都认为，大气压是造成液体虹吸流动的惟一原因。

这实在是物理学上的一个偏见。波里教授在他的著作《力学和声学序言》（1930年）中写道："真空中液体在虹吸作用下流动更典型。原则上液体吸现象的发生与大气压力毫无关系。"

怎样抛开大气压力的影响来解释虹吸现象的原理呢？请允许我引用我写的一本书《技术物理学》（1927年）里的相关论述：

因为虹吸管右半部分的液体柱长些，因此也就重些，所以它就会牵引液体并迫使液体不停地流向玻璃管的长端。通过与滑轮两端的绳子的对比可以很直观地理解这种现象（图93）。

我们来看看大气压在我们所研究的现象中所扮演的角色。大气压只能维持液体的连续性，阻止液体柱从虹吸管的管臂中流出。但是我们所熟知的一些条件也可以维持液体的整体性，而不需要任何外力，其中之一便是液体的内聚力。

"在没有空气的环境下虹吸作用通常都会停止，尤其当虹吸管顶端处产生了空气泡。但是，如果在玻璃管臂上没有一点空气痕迹，并且容器中的水与容器之间的摩擦力为零，仔细观察就会发现真空中虹吸现象也会发生。在这种情况下是水的内聚力阻止了水柱断裂。"

波里教授在上面提到的书中更明确地写到："在初等教程里经常把大气压力当作虹吸作用产生的原因。在某种前提下这么说也是正确的。虹吸作用的原理与大气压没有一点关系。"在用滑轮两侧绳子的例子作对比时，波里教授说："这也同样适用于液体。液体像固体一样有内聚力[1]。液体内部是极少存在气泡的。……"接着作者又描述了靠虹吸作用使液体流动的试验的条件，其中大气压的角色由两个负荷活塞或者另外一种密度较小的液体

图93　虹吸作用直观形象的
解释。

---

[1] 液体的内聚力是很大的，以水为例，水的内聚力为几万个大气压。也就是说，在这点上，液体的内聚力一点也不逊于固体；水的内聚力与钢丝的内聚力相当。液体很容易被切分为几部分，这个普遍的观点与上述观点一点都不矛盾。在观察分割液体时，我们看到的只是表面分离，却没有看到内部分离。《普通物理学》一书中说："液体很容易被分割的事实并没有否定各部分之间的内聚力的存在，与此相类似的是，有切口的纸条很容易撕开，而用同样的力很难将没有切口的纸撕开，这两个事实并不矛盾。

的压力来代替，即使水柱中含有空气，它们的压力不会使得液柱断裂（图94）①。

事实上，在月球条件下也是一样的：两千年前对虹吸现象原理的解释虽然表述方式不一样，但本质上是一致的。它源于亚历山大时期一个叫格伦（公元前1世纪）的力学家和数学家，当时他不知道空气有质量，也因此就没有陷入现代物理学家们的误区之中。他的原话对我们是很有借鉴意义的：

"如果虹吸管外部管口和容器中液面处在同一水平面上，那么虹吸管中

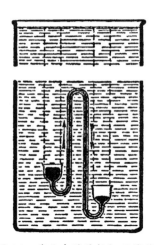

图94　黄油中的汞柱虹吸试验。

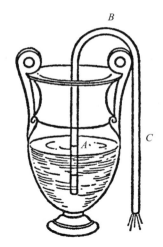

图95　格伦在自己的著作中对虹吸现象的描述。

---

① 此时读者很容易产生错觉，本书插图人员注意到了这点。假如说由于位置较低的容器上面的黄油柱长度大于位置较高的容器上面的黄油柱的长度，读者就会认为水银就会从较低的容器里流向较高的容器里。这里忽略了一个事实：水银柱除了受到黄油柱的压力外——从相反的方向——还受到与之相连的试管中水银柱的压力，下边的这个容器受到的这样的力大于上边的容器受到的这种力。最后要比较一下两个黄油柱的长度之差和两个水银柱的长度之差。很明显，两个差值是相等的，但是由于水银比黄油重得多，水银柱的压力就起了决定作用。（想像一下，用空气代替黄油，我们就能解释一般条件下的虹吸作用了。）

的水就不会流动，尽管里边充满了水。就像在天平上一样，水在这种情况下受力平衡。如果虹吸管外部管口低于容器中水的液面，水就会从虹吸管中流出，因为 BC 段水柱的质量比 AB 段水柱质量大，AB 段水柱就会重些，也就会牵引 AB 段水柱移动。"

格伦也预料到会有反对意见：如果虹吸管较短的管臂直径足够大的话，用同样的解释方法会得出水向管臂短的一侧流动的结论。

## 3.100　气体的虹吸现象

【题】能否根据虹吸的原理来使气体流动？

【解】我们可以利用虹吸原理来使气体流动。这种情况下大气压是必要的条件，因为气体是没有内聚力的。比空气重的气体（比如二氧化碳）的虹吸原理和液体的虹吸原理是一样的，条件也是一个充有二氧化碳气体的容器比另一个充有二氧化碳气体的容器高。但是在下述条件下也能利用虹吸原理使空气流动（图 96）：将虹吸管的短臂插入充满水的大试管中，试管倒置在盛有水的容器里，要保证管口低于容器中水的液面。为了使虹吸管在插入试管的过

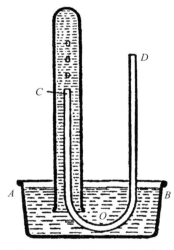

图 96　气体的虹吸流动现象。

程中不进水，要用拇指封严虹吸管另一端口 D。然后打开 D 口，我们就会看到有气泡经过虹吸管进入试管中：气体的虹吸现象开始发生。要解释为什么气体从外边进入试管内，我们来看一下 C 端的液体自下受到大气向上的压强。自上而下受到的压强大小为大气压加上 C 到液面 AB 间的水柱的

压强之和，压强差使得外部的空气进入试管里边。

## 3.101 用抽水机向高处汲水

【题】水井抽水机能把水抽到多高处？（图 97）

【解】大多数教科书中都认为抽水机抽水的高度不会超过抽水机以上
10.3m。关于这个结论，很少有人可以指出：10.3m 仅仅是理论值，而事实
上是无法达到这个高度的。就算忽略掉气体会不可避免地通过活塞和导管
壁之间的缝隙渗入泵中这个因素，也得考虑到在通常情况下水中溶有气体
这个因素（水中溶解的空气为其体积的 2%[①]）。在抽水机工作时，活塞下
面被抽空的空间会被水中逸出的空气占据，这些气体所产生的压力又阻碍
水上升到理论高度 10.3m，并使水上升的高度降低整整 3m，即水井汲水机
里水上升的高度不会超过 7m。

图 97　这种汲水机可以把水抽到多高处？

---

① 参见问题 91。

这个近似极限值——7m——在实践中用于产生虹吸现象，可以将水抬升至水坝上或者使水越过小山丘到达另一边。

## 3.102　气体的流动

【题】气泵钟罩下安装储有常压气体的储气瓶。如果将气瓶旋塞打开，气体将会以 400m/s 的速度向周围真空中扩散。要是气瓶中的初始气压是 4 个大气压，那么气体向外扩散的速度又是多少呢？

【解】或许可以这么说：被四倍压缩的气体的流动速度应该明显快很多；或许也可以这么说：气体流入真空的速度不取决于它所受的压强，压强大的气体的流动速度和压强小的气体的流动速度是一样的。

人们是这么解释的：被压缩的气体的压强较大，但是在这个压强下流动的气体的密度也以同样的比例增大（根据玛里奥特定律）。换句话说，流动气体的质量增加与它所受的压强的增加成正比。而我们知道物体的加速度与它所受的力成正比，与它的质量成反比。因此流出气体的加速度（以及由加速度决定的速度）与它本身的压强无关。

## 3.103　无功耗发动机的设计方案

【题】抽水机能把水抽往高处，是因为抽水机活塞下的气体被抽空了。在实际能达到的最大抽空度的条件下水能被抽升 7m。如果抽水做功仅仅等于抽空气体所做的功，那么将水抽升 1m 和抽升 7m 所消耗的能量是相等的。能否利用水泵的这个特性来设计不耗能发动机呢？怎么设计呢？

【解】抽水机抽水运动与水被抽升的高度无关的假设是错误的。抽水运动确实仅仅是因为活塞下的空气被抽空产生的，但是抽空空气所消耗的不同形式的能量取决于抽水机将水柱抽升的高度。

比较一下将水抽升 7m 时活塞的单次运动过程和将水抽升至 1m 时活塞的单次运动过程。

第一种情况下活塞上边受到一个大气压，即 10m 水柱的压强（整 10m）。活塞下边受到的气体的压强缩小到 7m 水柱的压强和集留在活塞下面的气体的压强（从水中逸出来的气体）；这个气体的压强很明显等于 3m 水柱的压强，因为 7m 是水抬升高度的极限。也就是说，汲送水往高处需要克服水柱的压强为:（以高度代替压强）

$$10m-（10m-7m-3m）=10m$$

即一个大气压。

第二种情况下将水汲送至 1m 高处，活塞上面所受的压强与前者相同，都为一个大气压，活塞下面所受的压强等于:

$$10m-1m-3m=6m$$

需要克服水柱的压强为 $10-6=4m$。由于两种情况下活塞的位移相等，将水汲升 7m 所做的功是将水汲升 1m 所做的功的:

$$10：4=2.5 倍$$

因此，设计一个无功耗的发动机——这个诱人的想法便一点也不切合实际了。

## 3.104 开水灭火

【题】开水比冷水灭火速度更快，因为水蒸气能迅速将火焰的热量带走，并且在火焰周围形成蒸汽罩，使得空气很难到达火焰部分。鉴于此，消防员是否能够带上桶装的开水，然后用水泵抽取热水来灭火？

【解】灭火泵不可能抽取热水，因为原来活塞下被抽空的空间会被水蒸气填补，压强为一个工程大气压。

## 3.105　储罐问题

【题】储罐 $A$（图 98）中储有大于一个大气压的
常温气体。压力计中的水银柱高度的变化显示出气体
压强的变化。打开旋塞 $B$，储罐里的气体向外逸出，
直到压力计中水银柱的高度降到标准大气压的水银柱
高度。

过了一段时间，尽管没有关闭旋塞，但压力计的
水银柱又有回升。为什么会发生这种现象？

【解】压力计中水银柱升高指示出储罐中气体的
压强升高了。不难理解为什么储罐中气体的压强会增
大。当打开旋塞时，储罐中的气体的温度由于受到快
速稀释而下降到常温之下。过一段时间，气体的温度又重新回升，它的压
强也就升高了（据盖·吕萨克定律）。

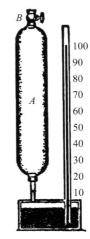

图 98　储气罐问题。

## 3.106　大洋底部的小气泡

【题】如果在 8 千米深的大洋底部出现了一个小气泡，它能够浮到水面
上来吗？

【解】如果按照每十米的水柱近似等于一个大气压的话，在 8000 米深
处的小气泡承受着大约 800 个工程大气压的压力。玛里奥特定律指出，气
体密度与其承受的压强成正比。把这个定律应用到这里可以算出，气泡在
800 个工程大气压下的密度应该是标准大气压的 800 倍。我们周围的空气

的密度是水密度的 1/770。也就是说，大洋底部的气泡密度比水密度要大，所以它是不会浮到水面上来的。

但是我们这个结论是基于一种错误的假设，即玛里奥特定律在 800 个工程大气压的环境中仍然成立。在 200 个工程大气压时空气的密度并非变为原来的 200 倍，而是约 190 倍。在 400 个工程大气压时，它则变为原来的 315 倍。受到的压力越大，便越不符合玛里奥特定律。在 600 个工程大气压时空气密度增幅只是 387 倍，在高于 1500 个工程大气压时只变为 510 倍。压力越大，气体密度的增幅就越小。液体也是同样。比如，在 2000 个工程大气压时空气的密度只是变为标准大气压的 584 倍，大约只是水密度的 3/4。[①]

所以我们可以看到，在大洋底部的小气泡是不可能获得超过水的密度的。无论在多深的地方产生的气泡——哪怕是 11km 的海洋最深处——它都一定会浮到海面上。

## 3.107　真空中的锡格涅水车

【题】锡格涅水车在真空中能够转动吗？（图 99）

【解】有些人认为锡格涅水车的转动只是因为空气对水流有斥力，所以在真空中这种水车是不会转动的。但是锡格涅水车的转动却完全不是因为这个。仪器管道中的推力并不来自外部，而是管道内部敞口部分和闭口部分水压的差别造成的。这种压差和仪器是处在真空中还是处在空气中没有任何关系。所以锡格涅水车在真空中转得一点不比在空气中慢，而且由于

---

① 新的实验表明，空气要想获得同水一样大的密度，需要 5000 个工程大气压的压力。这要在 50km 深的水下才会实现。

空气阻力的减小，反而还会转得更快。美国的物理学家戈达尔曾经用另一种方式成功地进行了相似的实验。（他在抽气机的尾部挂上一把枪，枪的射击产生的后坐力迫使小陀螺转动起来）

按照这个原理，在真空中依靠后坐力飞行的火箭，绝不会是按照古人想的那样，仅仅是依靠周围空气的后坐力来前进（即便现在仍有很多人，包括很多国内外的工程师和物理学家，都在继续着这种想法）。

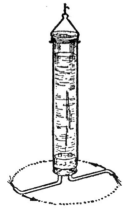

图 99　锡格涅水车在真空中能够转动吗？

## 3.108　干燥空气和湿润空气的重量

【题】在温度和压力相同的情况下，一立方米的干燥空气和一立方米的湿润空气相比，哪个更重些？

【解】一立方米湿润空气是一立方米干燥空气和一立方米水蒸气的混合物。似乎可以得出这样的答案，一立方米湿润空气比一立方米干燥空气重，多出的是其中水蒸气的重量。但是这个结论是错误的：恰恰相反，湿润空气比干燥空气轻。

原因就在于，每种气体混合物成分的压强都小于该混合物的总压强（这个总压力对于干燥空气和湿润空气而言都是相同的）；而压强减小时，气体体积单位的重量也会减小。

我们来详细解释下。用气压 $f$ 来表示湿润空气中气体的压强。混合物中一立方米干燥空气的压强表示为 $1-f$。如果上述温度和气压下一立方米蒸汽的重量为 $r$，而一立方米干燥空气的重量为 $q$，那么在气压 $f$ 下

$1m^3$ 蒸汽重量为 $fr$；

1m³ 空气的重量为 $(1-f)q.$

一立方米混合物的总重量等于

$$fr+(1-f)q$$

如果 $r<q$（而且确实如此：水蒸气比空气轻），那么

$$fr+(1-f)q<q$$

也就是说，一立方米空气和蒸汽的混合物要比一立方米的干燥空气轻。的确，因为 $r<q$，所以就有下列的不等式：

$$fr<fq,$$
$$fr+q<fq+q,$$
$$fr+q-fq<q,$$
$$fr+(1-f)<q.$$

这样，压强和温度相等的情况下，一立方米湿润空气要比一立方米干燥空气轻。

## 3.109  最大真空度

【题】最好的现代化空气泵中，空气的稀薄程度是外面空气的多少倍？

【解】借助现代化空气泵，理想状态下气体能达到的最大压强是一千亿分之一个大气压：

$$1：100\ 000\ 000\ 000am$$

长久使用而老化的真空电灯泡中的空气真空度也约等于这个数值。真空灯泡使用时间越长，内部的压强越大——燃烧 250 小时后，压强就约为原来的 1000 倍。

# 3.110 "真空"是什么

【题】如果用最好的空气泵给一升的容器抽取空气，那么该容器中剩下的空气分子大概有多少？打个比方说，每人分一个空气分子，那么这些空气分子够分给莫斯科全市人口吗？

【解】压强为原来一千亿倍的一升容器中的空气分子数量是多少？没有尝试计算过的人就很难猜出一个近似值。我们来运算下。一个标准大气压下，$1cm^3$ 空气中分子的数量为

$$27\,000\,000\,000\,000\,000\,000\,000=27 \cdot 10^{18}$$

而 1 升空气中分子的数量就是它的 1000 倍：

$$27 \cdot 10^{21}$$

压强为原来的一千亿倍时，空气分子数量就为

$$27 \cdot 10^{21} : 10^{11}=27 \cdot 10^{10}=270000\ 百万$$

这个数字是地球人口的 40 倍！

我们感兴趣的是这个真空容器中分子的化学成分。如下：

| | | |
|---|---|---|
| 200 000 000 000 | 分子 | 氮 |
| 65 000 000 000 | | 氧 |
| 3 000 000 000 | | 氩 |
| 450 000 000 | | 二氧化碳 |
| 3 000 000 | | 氖 |
| 20 000 | | 氦 |
| 3 000 | | 氙 |

我们常常将成分如此复杂数量如此之多的分子叫做"真空"，难道不奇怪吗？

假设给莫斯科每位市民平均分配这些真空分子，那么每人会分到约 5 万个氮分子，1.5 万个氧分子，700 个氩分子，100 个二氧化碳分子和 1 个氖分子。

这种想像的真空在宇宙中起着重要作用。比如，猎户星座星云上物质的压强就是我们实验室完全"真空"气体的一百万倍。但是这个天体太庞大，以至于它的"超真空"中包含着一些足以构成几十万个太阳的物质。"某些物质是另外一些物质的百万分之一"。这个观念是宇宙结构最初形成的原因，太阳系诞生了，一些庞大天体也开始了自己漫长的进化过程。

我们所谓的宇宙空间也不是绝对真空。埃丁格顿计算得出，每立方厘米真空中包括含有 10 个氢原子的物质。假设宇宙中有一个半径为 10 光年的球体，那么这个球体上星际物质的数量足以形成 30 个太阳；同时这个庞然大物周围也可能存在好几个星体。星际空间的"真空"物质是所有能观测到的宇宙星体的三倍。

## 3.111　大气为什么存在？

**【题】** 如何解释地球大气的存在？空气分子要么受到引力作用，要么不受其作用。如果不受引力作用，那为什么空气不会逸散到地球外部的空间中去呢？如果受到引力作用，那为什么空气不会落到地球表面上来，而是悬在空中呢？

**【解】** 尽管空气分子总是处于快速运动之中（相当于子弹的速度），但毫无疑问，它们还是受到重力的作用。地球引力降低了空气分子远离地表方向的那部分速度，从而阻止大气分子逸散到宇宙空间中去。为什么大气分子又不会掉落到地面上呢？这个问题的答案是，大气分子的确在不断地下降，但是由于它们的弹性很强，碰撞到一起时它们就会自动弹开，落到地表时它们也会被弹起来，而且总是位于一定的地表高度上。分子的最快运动速度可以确定出上层大气的高度。虽然地球大气分子的平均速度约等于 500m/s，某些分子还是可以获得更快的速度。少部分分子的速度达到七倍之多（3500m/s），此时它们的运动高度为

$$h = \frac{v^2}{2g} = \frac{3500^2}{2 \cdot 9.8} \approx 600km$$

这样就解释了为什么在地表 600km 的高空处仍有大气的存在。

　　现在来分析一下为什么人们会对这种现象产生困惑。我们曾经认为，分子的运动空间位于地表和大气顶层之间，这个空间高度为 600km（不考虑分子间的碰撞）。但是基本气体分子的质量是相等的，分子在碰撞过程中会像弹球一样影响各自的速度；换言之，分子好像在运动时相互渗透了。尽管空气由多种不同气体构成，但它们仍然可以相互渗透，就好像是同一个分子在整个大气层中运动一样。

## 3.112　没有将储气罐充满的气体

　　【题】有可能存在这样一种现象吗？即储气罐中有一部分充满了气体，而另一部分是空的（没有气体）。

　　【解】以前我们习惯性地认为，不管在什么情况下，气体都会充满一个所提供的空间。因此下述情况是完全不可能的，即储气罐中有一部分充满气体，而另一部分是空的（没有气体）。储气罐中只有一半充满了气体，在我们看来这是一个物理学上的谬论。

　　然而，不难设想出这种荒谬现象的存在是有一定的依据的。假设有一根延伸到地表 1000km 高空处的立管，使该管内部空间充气。气体位于立管的下部 600km 处，而几百千米的上部则没有气体，无论立管是封闭还是

开口，结果都是一样的。也就是说，有时气体不会从接触真空的开口容器中逸散出去。

对于某些气体（特别是重气体）来说，在温度相当低的情况下，给高度较低（如几十米高）的容器充入该气体时，也会发生同样的现象。

# 第四章　热现象

## 4.113  华氏温度计的由来

**【题】**为什么在华氏温度中水的沸点被标为212度?

**【解】**1709年西欧经历了一次寒冬。这样长时间的严寒西欧已经很久没有经历过了。而住在波兰格但斯克的物理学家华伦海特为了发明自己的温度计,已经实验获得了比1709年的严寒还要低的温度。这个第一恒定温度是通过冷却氯化铵与盐的混合物得到的。

华伦海特还得到了第二恒定温度。他是通过借鉴包括牛顿在内的一系列前辈的实例,选择了人体的常温来确定的。在那时流行着一种说法,即空气的温度永远不会超过人体血液的温度,否则气温对人体来说是致命的。(这种说法现在看来是完全错误的[①])

华伦海特最初将这个恒定温度标记为24度,正好等于一天的小时数。但是当实践证明这个标度太大时,华伦海特将每一度分成了原来的1/4,这样人体的温度就被标示为24×4=96度,这就是第二恒定温度的分法。在这个基础上华伦海特又将水沸腾的温度测为212度。

为什么华伦海特不将水沸腾的温度定为自己温度计的恒定温度呢?因为他考虑到水沸腾的温度会因大气压强的变化而变化。人体的温度在恒定这样一个意义上是更加可靠的。还应改补充一点的是,不难计算出,在那个年代人体的正常温度是比今天我们知道的35.5℃要低的。

## 4.114  温度计上刻度的长度

**【题】**水银温度计中刻度的长度是一样的吗?在酒精温度计中呢?

---

① 关于这一点参见我《趣味物理》中的一篇文章《我们最多能够承受怎样的炎热?》

【解】温度计刻度的长度当然是由温度计里装的液体的热膨胀率来确定的。我们知道随着温度的升高液体的体积在膨胀。越接近沸点，体积的增幅就越大。

那么就如刚才所说，我们很轻易地就能够在汞柱温度计和酒精温度计的刻度长度上找到区别。日常中一般的温度距离水银的沸点 357℃ 还很远，在 0℃ 到 100℃ 间水银的膨胀幅度并不大。在温度计的玻璃管中水银柱随着温度的升高而上升，在某段指定温度范围内这种变化是难以观察到的。所以汞柱温度计的刻度划分差不多是一样的。

与之相比，日常温度距离酒精的沸点 78℃ 是很近的。所以酒精随着温度的升高膨胀的幅度是非常明显的。如果说酒精的体积在 0℃ 时是 100，在 30℃ 时是 103，在 78℃ 时就将大于 110。

所以酒精温度计的刻度划分是越往上越大的。

## 4.115　使温度计足以测量 750℃ 高温的方法

【题】是否可以制成可以测量 750℃ 的水银温度计?

【解】由于水银的沸点是 357℃，而玻璃管在 500℃ ~ 600℃ 的高温下将出现软化，所以用普通玻璃管装水银温度计测量 750℃ 的高温几乎是不可能的。但是这样的温度计又确实存在。它由非常难熔的石英管（熔点 1625℃）做成，管道内部的汞柱下面装有氮气。随着温度的升高汞柱膨胀压缩气体，同时由于气体压强的增大汞柱变热。高压下汞柱的沸点升高以至于在测到 750℃ 时仍旧为液体。当然，这样的温度计是非常昂贵的。

准确地测定高温对于现代科技的进步具有十分重要的意义。如果能够把是石油裂化的温度从 450℃ 降到 440℃，流失的含苯富油就会减少两倍；硬铝的热加工技术条件也十分苛刻：决定次品和合格品的温度就在

5℃ ~ 10℃ 之间；在合成氨的过程中要制造 300 个工程大气压的高压，在这种条件下技术上需要精确到 550℃ 的高温支持，有一度的偏差整个流程都将遭到破坏。

## 4.116 温度计上的度数划分

【题】在由托尔斯泰翻译成俄语的卡彭特的著作《现代科学》中，提到了以下理由来质疑我们温度计装置的准确性：

"温标的开始与结尾处的那一段长度的刻度表示的温度是不一样的。已经得到证实的是，相等长度的刻度表示的温度，与液体的体积有着正比关系。就是说，温度计玻璃管中相同刻度长度所表示的温度增量，不是恒定的。"

卡彭特希望以此说明，如果 1℃ 用刻度长度表示为 1 毫米，那么 0℃ 时毫米汞柱所占的体积比例，要比 100℃ 时毫米汞柱所占的体积比例要大（汞柱的总体积增加的情况下）。批评者们据此指出，根据相等的温度间隔来进行刻度划分是不科学的。

这种指责是正确的吗？它是否动摇了人们借助液体和气体体积来测量温度的信心呢？

【解】卡彭特在"我们温度计刻度的划分是基于什么"这样一个问题上与他人有过很多争论（包括托尔斯泰，最终托同意了他的观点）。卡彭特认为：规定的温度增量与被测温物质的体积增量是成绝对正比关系的。

与这种观点相左，批评者试图用下面的观点来代替：规定的温度增量与被测温物体的体积增量只存在相对比例关系。

其实争论两方观点的对错就像争论是用英尺还是米来测量长度才是准确的一样，两种观点都是在一定条件下才成立的。语言仅能够谈论哪种观点在特定情况下是适合的，便捷的。

卡彭特的观点在科学史上其实曾经被著名物理学家道尔顿[①] 提出过，即"道尔顿温标"。在这种温标体系下是不可能存在绝对零度的，若是接受这种体系划分，整个热力学的研究将发生极大的变化。这种变革不会简化，相反，会使对自然规律的解释变得更加复杂。所以卡彭特和托尔斯泰在不经意间试图恢复的道尔顿温标，在当时是一定会遭到排斥的。

应当指出的是，有一种温标，是不依赖于某种物质的受热延展度的。它被称作"热力学温标"——在 19 世纪中叶由开尔文勋爵制定。热力学温标的零度，是物体内部分子热运动完全停止时的温度。热力学温度的划分，是根据卡诺定理制定的：在两个一定温度的热源间工作的一切可逆热机的热效率都相等[②]。

已有的实验证明，热力学温标所测温度，与氢温度计或者氦温度计所测温度都是相符的。这也证实了温度变化系统的合理性。

## 4.117　钢筋混凝土的热膨胀率

【题】为什么钢筋混凝土在加热和冷却的过程中混凝土和钢筋没有分离？

【解】混凝土的热膨胀率（0.000012）与铁的热膨胀率是一样的。所以在温度升高时它们同时膨胀而彼此不能分开。

---

① 译注，道尔顿提出一种温标：规定理想气体体积的相对增量正比于温度的增量，采用在标准大气压时，水的冰点温度为零度，沸点温度为100。
② 译注，1954 年国际计量大会规定水的三相点（固、液、气三相平衡共存的惟一状态）的温度为 273.16 开。分子热运动停止时温度近似为 0 开。这样便做出了热力学温度划分。

## 4.118　热膨胀率最大的物体

【题】请举出一种热延展性比液体还强的固体。

同样请举出一种热延展性比气体还强的液体。

【解】固体中热膨胀率最大的是腊，其膨胀率甚至超过很多液体。腊的热膨胀率随着种类的不同可以从 0.0003 到 0.0015，是铁的 25 到 120 倍。

水银相应的系数为 0.00018，而煤油是 0.001。可见腊的延展能力无疑是强于水银的，而某些种类的腊甚至可以强于煤油。

在液体中膨胀率最强的是乙醚，为 0.0016。但这还不是纪录：有这样一种液体，它是乙醚膨胀率的 9 倍——这就是 20℃ 时的 $CO_3$。它的膨胀系数为 0.015，是它在气体状态时的 4 倍。液体的膨胀系数大多数时候在临界温度时会较该物质气态下有一个明显的增长。

## 4.119　热膨胀率最小的物质

【题】什么物质的热延展性最小?

【解】热膨胀率最小的物质是石英：为 0.0000003，只是铁的 1/40。一个被加热到 1000℃ 的石英烧瓶（石英的熔点是 1625℃）可以轻易地放入冰而不用担心烧瓶会损坏。

比石英膨胀率稍大，但仍可以算做很小的物质是金刚石，为 0.0000008。

在金属中膨胀率最小的是一种叫做因瓦铁镍合金的钢（名称源于拉丁语，意为“不变的”）。这种钢含有 36% 的镍，0.4% 的碳和同样 0.4% 的锰。铁镍合金钢的膨胀率是 0.0000009，某些种类可以达到 0.00000015，是普通钢膨胀率的 1/80。这种钢即便在极大的温差变化条件下体积也不会有明显变化。由于因瓦铁镍合金钢如此小的膨胀率，它常被用于精密仪器的制造（如钟表齿轮），以及一些长度测量工具的制造上。

## 4.120 一些反常的热膨胀

【题】什么样的固体热缩冷胀？

【解】如果要说起什么物质会因为冷却反而膨胀？我们可以不假思索地说，是冰。但是千万不要忘了，水膨胀的反常现象只存在于液体凝固的情况下。冰本身在冷却中并没有膨胀，而是像自然界的大多数物质一样，在紧缩。

但是还是存在其他的固体，在某些低温冷却状态下会膨胀。比如说金刚石、铜的低氧化物、绿宝石等等。金刚石在大约 −42℃ 的低温下开始膨胀。人们还发现，铜的低氧化物、绿宝石在 −4℃ 的寒冷中也有类似的性质。就是说，在 −42℃ 和 −4℃ 时相应的物体有着最大的密度，就像水在 +4℃ 时一样。

碘化银的一个特性就是在常温下遇冷就会膨胀。橡胶钉在被重物拉动时也具有这种性质：由于生热它反倒会产生收缩。

## 4.121 铁板上的洞

【题】在宽 1 米的正方形铁片上用放大镜可看到一个 0.1 平方毫米（大约是头发丝儿的厚度）的窟窿眼儿，是否能够通过改变铁片的温度，使得这个窟窿眼儿闭合？

【解】有一种不正确的说法是：如果对铁板进行足够的加热的话，板上的孔洞会因为热膨胀而消失。没有任何一种加热会带来这样的效果。铁板上的孔洞在加热中不但一点也不会减小，反而只会越变越大。

下面的推理也会很好的说明这一点。按照上面的观点，如果本来就没有孔的话，那么"物质充裕"的铁板在加热的过程中膨胀挤向周边，于是产生皱纹和间隙。而事实是，同一物体在加热中因膨胀而产生皱纹和空隙的现象从来没有发生过。

由此可知，带洞的铁板就像完好无损的铁板一样，在加热中孔洞只会变大。以此类推，任何容器、导管、带有内腔的物体都是整体随着加热而膨胀，随着冷却而缩小的。某一点的热膨胀率和周边的膨胀率是一致的。

那么，如果用加热的方法不能遮盖住孔洞，而只会使孔洞变大的话，能不能用冷却的方法实现这一点呢？

当然也是不行的。任何物体，不管它的热延展率有多大，这都是不可能的。我们知道，孔洞在冷却的过程中会缩小，就像所有其他与它有着相同大小的物质实体一样；但是，既然无论这些物质实体缩小了多少，它也不会因为遇冷而消失；同样的道理，再小的孔洞也不可能因为温度的降低而被盖住。

在这种情况下，铁板上的孔洞不会因为受冷而有明显的减小。铁的热膨胀率是 0.000012。而冷却的极限——即绝对零度是 −273℃。就是说铁板孔洞只会减小自己原来直径的 0.000012×273 倍，即千分之三左右。

## 4.122  热膨胀的力量

【题】是否能够通过外力强行阻止铁棍或者汞柱的受热膨胀？

【解】我们知道，热膨胀和压缩具有相当大的力量。有人曾做过一个实验：因受冷而压在一起的磨刀石把一根一指粗的铁棒折断了。还有一部著名的短篇小说，同样讲述了拿破仑一世时期矫正巴黎手工艺术学院的一面歪斜的石墙的故事——小说曾经被列夫·托尔斯泰[1]率先简要地转述在一部中学的文学读本上。很多人都有这样一个观念：即一般说来没有什么能够阻止热膨胀力，试图阻止加热中的固体或者液体是件很不明智的事。

这种说法倒不一定对：不管热膨胀所产生的分子力有多大，不管这个"隐藏的巨人"有多么强壮，分子力也不可能是无限的。例如说，为了阻止一根铁杆从0℃到20℃加热膨胀，在1平方厘米的横截面上需要施加一个压缩的力，这个力的大小是不难计算的。只要知道该材料线性膨胀的系数（铁是0.000012）并测量出该材料的机械拉伸阻力（也即弹性系数，也叫做杨氏系数，比如说铁的弹性系数为20000000牛/平方厘米，意思是在每平方厘米1牛的拉力的作用下铁杆会伸长自身长度的1/2000000，在同等的压力作用下也会缩短相应的长度）。这样算来的话，要想阻止铁杆因温度升高20℃而伸长（0.000012×20＝0.00024，也就是说这个长度是自身原长度的0.00024倍），就要向铁杆截面施加一个

$$0.00024 \div \frac{1}{2000000} = 480 \text{ 牛的力}。$$

这就是说如果在向铁杆从0℃到20℃加热时只要有480牛的压力它就不会膨胀，这是铁在如此情况加热时的平均状况。

由此还可以计算足以影响温度计中的汞柱受热膨胀时的压力。我们仍然以0℃到20℃的变化为例。水银的热膨胀系数为0.00018，弹性系数方

[1] 从托尔斯泰所著《阅读的第一本书》中引这样一个故事：

"有一次巴黎的人们要修房子。有一间房子的墙裂开了。人们想：怎样才能在不破坏房顶的情况下把两面墙合拢呢？有一个人想出一个办法：他在两面墙上各钉入一个铁环。然后找来一根铁棍，长度刚好和两个铁环之间的距离差一点点。在铁棍的两端折出两个钩子，以便能够套进铁环。进而，他开始用火加热这跟铁棍，铁棍膨胀，使得长度刚好到达两个铁环之间的距离。这时他把钩子套进铁环里。当铁棍开始变冷紧缩，两面墙就被拉在了一起。"

在这个转述中，合拢两面墙的真正方法其实被严重歪曲了。事情究竟是怎么样的，请参看我的《步步学物理》一书。

面每施加 1 牛的压力长度减少原长度的 0.000003 倍。

那么温度升高 20℃ 的情况下，水银膨胀自身长度的 0.00018×20＝0.0036 倍。那么为了阻止这个增长，需要每平方厘米施加一个 0.0036÷0.000003＝1200 牛的力。

而在实际运用中，在温度计中充满了氮气的情况下，50 ～ 100 个工程大气压的气压是不会对水银的膨胀产生明显的阻碍作用的。

## 4.123  水管里的小气泡

【题】水管里小气泡的大小会随着温度的变化而变化，那么在什么天气时气泡更大呢？热天还是冷天？

【解】经常有人这样回答这个问题：天气热时水管里的小气泡比冷天时的更大，因为气泡里的气体在热天时会膨胀。但是千万不要忘了，在这种条件下封闭的液体环境是不会允许气泡膨胀的。热天时整个水管的每一部分都在变热：坚硬的边框、玻璃管、液体、气泡里的气体……边框和玻璃管的膨胀是不明显的，但是液体的膨胀要比玻璃管显著得多并因此压缩了液体中的气泡。

所以说，小气泡在炎热的天气下其实比冷天时要小。

## 4.124  空气的流动

【题】下面一段关于在温暖房间里的气体交换的摘录，来自一本科技杂志：

"所有房间的通风孔都是用来气体交换的。那些被加热过的气体从通风孔逃出，它们的位置被从门缝里进来的甚至墙里渗入的新鲜空气填满。在火炉上有一个敞开的小门，可以得到良好的通风。劈柴的燃烧需要空气中的氧气，于是房间里的空气被强力吸入火炉里。燃烧使得这部分空气不会返回房间而直接从烟囱里飞走了。房间里的自由空间只好被外面的新鲜空气重新占据。"

这种关于空气流动的描写是正确的吗？

【解】有这样一种说法：三百年前，在人们当中流传着一种谁也不曾怀疑的关于大气压的"真空恐惧"理论：即自然界的物体被分成轻物和重物两种，重物下沉，而轻物浮于表面。然而，事情并不是这个样子，好像热气被拽到了通风孔，而新鲜的空气为了填充被腾空的地方从外面跑了进来那样。若不是被下沉的冷空气挤压，热空气并不是自己上升的。刚才的那种说法把原因和结果混淆了。

托里拆利的著名实验给出了"真空恐惧"的最终解释，并尖锐地嘲笑了关于轻物趋于上升的学说。在他的《学术读书笔记》中他这样写道：

　　有一天海洋女神们打算编写一部物理教程。在大洋的最深处她们开办了自己的学院并开始向海洋居民们传授基本物理知识，就像今天我们中学所做的那样。好学的海洋女神们注意到，她们平常使用的所有物体也是分成两部分：一部分下沉，一部分上升。并没有考虑在不同的环境下情况会有所不同，她们就得出结论：像土地、石头、金属是重物，因为它们在海中下沉；而另一些比如空气、腊、大部分植物都是轻物，因为它们会浮到海面……海洋女神们好像犯了一个大错误：很多对于我们人类看来属于重物的东西在她们看来都被归入轻物行列……其实这是完全可以原谅的。我曾想像自己生长在一片水银的海洋。我也会不得不写出类似的论文。我推论的依据同样是：在这样的海洋中生活多年使我确信，除了金子之外的所有物质都不可能沉到海底，除非它们被海底的什么东西绑了起来。所有的物体都具有脱离自然位置上升的趋势，只有金子会在水银海里下沉。同理，在蝾螈火怪（如果真的有这种生物的话，传说他们生长在火里）的物理世界中，它们会认为所有的物体都是重物，连空气也不例外。

在亚里士多德的著作中也曾做过这样的定义：自然界中的重物都有向下的趋势，轻物都有上升的趋势。这样的结论就和那些海洋女神们的结论是一样的了。这只是通过感性得出的，并没有经过理性的思考。

托里拆利后又经过了几个世纪，这种观念还依然没有消除。关于热空气上升，冷空气填充了剩余的空间的说法至今还在误导许多读者。

## 4.125  雪和木头的导热率

【题】同样厚度的木墙和雪层，哪一个隔冷的效果更好？

【解】雪的保温能力比木头要好得多：木头的导热率是雪的 2.5 倍。雪微小的导热率为土壤保温创造了条件：它罩在大地上，像为土地铺上了一层棉被。

雪的低导热率是由它松软地叠积起来的结构所决定的。雪的内部空气的比重达到了 90%——空气并不储藏在雪粒之间的缝隙里，而是含在雪的小冰晶内部，形成了气泡。

## 4.126  铜器皿和生铁器皿

【题】食物在什么样的器皿里加热更快？铜锅还是生铁锅？

【解】铜的导热率是生铁的 8 倍，这意味着在单位时间内相同的温度环境下在一块铜片上传递的热量是相同厚度的生铁片的 8 倍。由此可知用铜器皿在火上煮饭要比用铁器皿要熟的快一些。

## 4.127　冬天涂上腻子的窗框

【题】冬天有些粉刷匠会建议在涂着腻子的窗框外面，再装上一个没有涂好的、留有缝隙的窗框。请说说这个建议的物理根据。

【解】粉刷匠们的建议并没有什么物理根据，相反倒会产生一些误导，从而降低了在窗框上涂腻子的好处。装上双层窗框减少房间的热损失的情况只出现在，当封闭在两层窗框间的空气完全与房间里以及外部的空气隔绝时。如果外部的窗框有没有涂好的缝隙，外部的冷空气就会钻入框间稍暖的区域，受热并且与外部新的冷空气进行新一轮的空气交换。这种夹层里的空气交换会影响到房间空气的温度，并最终渐渐使得房间里的空气变冷。窗框涂得越好，它的绝热效果就越明显。

支持装带缝隙的外窗的人指出：这种办法可以促进窗框间的空气流通，有助于降低框间空气的湿度；进而可以保护窗户玻璃不会结冰。但是，就为了这一点空气对流就破坏里外的热平衡是很不划算的。不错，通风可以在一定程度上降低窗间的水汽密度（也就不多几克）；但是窗户的结冰与此关系不大。再者说来，由于对流造成的窗间空气的变冷，还会使室内空气沉积到窗户玻璃上：这会导致朝向屋里的这一面窗上结冰。

## 4.128　在有炉火的房间里

【题】热量会从高温物体传向低温物体。在一间温暖的房间里我们的体温比周围的空气高，可是为什么我们会觉得热呢？

【解】人体表面的温度大约从 20℃–35℃ 不等（脚底约 20℃，而脸部约有 35℃）。房间里的空气温度最多也只有 20℃。所以说房间空气与人体之间直接的热传递是没有可能的。但是为什么人在有炉火的房间里会感觉到热呢？这倒不是因为身体从空气吸收了热量，而是因为贴在体表的那层空气是个很糟糕的热导体，妨碍了体热的散发，就是说延迟了我们身体的热损失。这层贴着身体的空气因为人的机体的温暖而变热被冷空气向上挤压出去，新来的空气又因为同样的过程被更新的空气所替换。在这个过程中人体耗费的热空气的速度是很慢的。因此我们在有炉火的房间里会感到热。

## 4.129　河底的水

【题】河底的水温什么时候更高呢？是在夏天还是冬天？

【解】通常人们认为，河底深处水的温度是全年不变的 +4℃，因为在这个温度时水的密度最大。对于真正的淡水池、湖泊来说，这个说法是正确的。但是，对于河流来说，教科书上一般持有不同的观点：河水的温度是均匀分布的。在河水中不仅仅有上下纵向对流，还有很多难以肉眼辨别的横向对流。可以说河水的每一部分永远都是在互相搅拌中的，所以河底的温度与表面的温度几乎相同。"在所有的温度交换中这种交换是非常迅速的，很快便可以波及河底。即便是极其深的河流，用极其精密的温度计也很难测出不同水层间的温差。"——维利卡诺夫教授在他的《陆地水文学》中这样写道。

而且由此我们可以这样回答相关的问题：真正的河流底部的水温在夏天应该会比冬天时要高。

## 4.130 河水的结冰

**【题】** 为什么快速流动的河水在零下好几度的温度里仍不结冰?

**【解】** 流动的河水结冰较迟——这个结论不像许多人想像的那样,是因为有一部分水还在运动的缘故。水分子只要存在,便会运动,速度达每秒钟几百米,附加的 1 ~ 2 米／秒在本质上不会对它有任何影响。更重要的是,河水的运动无论是纵向的对流还是涡流,带动的是大量的水分子的集合,而对单个水分间的相互运动不会产生什么影响,就是说,不会改变水的热状况。

但是,从另外一种意义上讲,水的运动会有条件地延迟河流的结冰,只是原因并不在于它自身。快速流动的水阻碍了结冰并不是因为"严寒无力使水分子的运动停滞",而是因为流动使河表面和底层的水搅拌在一起,平衡了各部分水之间的温差。河表面的温度降到零度以下后表层水被混合到了底部还没有被冷却的水中,这样表层水又回到了零度以上。真正的结冰只有在所有的河水从底部就已经降到零度以下后才能开始,而这需要很长的时间。河水越深,需要的时间就越长。

## 4.131 为什么上层的空气要比下面的冷?

**【题】** 为什么高空的空气要比下面的冷?

**【解】** "为什么温度会随着高度的增加而降低? 可能没有什么问题的结论解释起来能比这个更让人困惑了。"——几十年前的伦敦气象学会的主席阿奇巴尔德在当时这样说到。他的话在今天重复起来仍然具有意义,毕竟关于这种现象的正确解释我们至今还不常听到。

通常在解释中需要指出，大气受到太阳光供热的影响是很弱的，而它的热量多半来自于近地球表面的热量传导。

"地球的主要热源是太阳。阳光可以自由地穿过大气层却没有使它变热。落到地表的光线把热量传给了土地，地表的空气因为土地的热量才变热的。这就是上层的空气要比下层的冷的原因。"在几年前我们的一本科普读物上就是这样回答读者的。

但是问题是，锅里的水在煤油炉上加热时面临的同样的条件：通过被加热的锅底的热传导，水获得了热量——而上层的水获得的热量并不比下部的少。原因当然在于，获得热量的下层液体一直在"对流"的过程中被搅拌着。如果大气也是流动的，那么在上下层大气的对流中它们的温度也应该是一样的。但是空气各处的温度却不一样，这究竟是为什么呢？

有很多权威的文献用一种非常讨巧的方式回答了这个问题：上升的空气为了完成"上升"这样一种工作必须消耗能量，这个能量恰来自于自己的热能储备。每千克空气上升 400 米需要损耗能量 400 焦耳。考虑到空气的单位热容平均为 1 焦耳，我们可以得知，上升 100 米会伴随着温度下降 1℃。这种降幅与实际测量相符。

尽管在数据上取得了令人满意的一致，但是上述的解释却并不完整。它是基于一种很错误的假设，好像上升的气流真的是在完成工作。空气就像浮在水面的木塞儿一样是没有做多少功的。木塞儿从水底升到水面并不是自己做功，相反是被做了功。完全可以认为上升的空气是被下沉的冷空气挤跑的；这项工作的完成是仰仗于大量冷气团下降的能量实现的。再者说，难道向上射出的子弹变冷也是因为消耗了自身的能量吗？绝对不是。子弹动能的减少是伴随着势能的增加的，能量守恒保证了机械能不会大量转化为热能。

现在我们还需明白另一种关于高空大气变冷的解释的错误之处：上升

气流的空气分子在重力的影响下随着高度的增加而减缓自己的运动速度。而分子运动的减缓恰好造成了温度的下降。这个错误甚至曾经困扰了另一位大科学家麦克斯韦,尽管后来他在自己的《热学理论》中改正了这一点。"重力并不会对气团中的温度分布产生任何影响"——他如此写道。必须看到,重力造成的气体分子的位移对于所有分子来说都是一样的,并不会引起它们之间相对位置的任何变化,而只会发生平行的移动。分子热运动并没有被破坏,因此气体温度也不会发生变化。

空气在上升中冷却的真正原因是一种所谓膨胀绝热性的概念。越来越稀薄的气体在上升的过程中单位面积收到的压力减小,气团于是膨胀起来,而膨胀是以热能的消耗为代价的。气体不需借助任何外在的能量便可以改变自身压力的状态就叫做"绝热性"。

用数字量化这种现象是这样的。如果近地面的空气温度是 $T_0$,在高度 $h$ 上的空气温度是 $T_h$,相应两点的气压为 $P_0$ 和 $P_h$,那么空气升高高度 $h$ 温度下降为:

$$T_0 - T_h = T_0 \left[ \left( \frac{P_0}{P_h} \right)^{1 - \frac{1}{K}} - 1 \right]$$

这里 $K$ 表示空气恒压比热和恒容比热的比值。对于空气来说 $K = 1.4$,所以 $1 - \frac{1}{K} = 0.29$。

下面用一个例子来实际计算一下空气在 5.5 千米的高度上,气压减小为地表气压 1/2 时的情况。这里只假定空气是干燥的,而不考虑湿度。

从 $T_0 - T_h = T_0 (2^{0.29} - 1) = 0.22 T_0$

得出 $T_h = 0.78 T_0$

假设近地面的温度为 17℃,或者说 290K,那么

$$T_h = 0.78 \times 290 = 226K$$

也就是说 $h$ 高度的气温大约降低到了 –49℃ ~ –47℃,接近于每升高 100 米降低 1℃。

但是空气随时都在受到水蒸气的影响[1]，所以实际的计算结果还会有变化：对于干燥空气每升高 100 米降低 1℃ 的话，对于湿润的空气大约只有0.5℃。

总之，混合的气团与下层的大气同时受热却不可能获得同样的温度：上升的气团因为绝热膨胀而冷却，下沉气团因为绝热压缩而发热。上层空气的温度总会比近地面空气的温度要低。

还有一点应该补充：大气上下混合运动频繁的这部分区域叫做"对流层"，而到了 10 千米～ 17 千米以上的高空，空气的垂直混合对流现象就很少了。这一区域叫做"平流层"。

## 4.132　加热的速度

【题】在煤油炉中对水进行加热，从 10℃ 到 20℃，与从 90℃ 到 100℃，哪一个需要的时间更长？

【解】在不同的时间用手亲自体会一下水加热的过程就会相信，水温从90℃ 升至 100℃ 所需的时间要比从 0℃ 升至 10℃ 所需的时间要长，尽管说因为蒸发作用，水的总量到后来其实是越来越少的。原因在于：炉火的热量被分散了。一方面用于加快水的蒸发，还需要补偿水在长时间加热的同时遭受的热量损失。在 90℃ ～ 100℃ 的高温时水较 0℃ ～ 20℃ 时释放了更多的能量，所以尽管水的加热是均匀的，但是对水加热得越猛烈，水温的提高就越慢。

---

[1] 偶尔也会出现空气湿度为零的情况。在 1930 年 5 月，气象学家莱特里就曾在海拔 670 米，气温 20 度的土耳其某地观测到了零湿度的天气。我自己也曾经在 1931年于中亚海拔 700 米的阿乌里阿塔见到过这种现象。我口袋中的湿度计两次显示了零湿度。但是我和我的同伴在当时没有任何异样的感觉。

## 4.133　火焰的温度

【题】蜡烛的火焰的温度可以达到多少?

【解】我们倾向于低估作为热源的比如说普通的烛火的温度了。很多人也许想不到，烛火的温度可以达到 1600℃ 左右。

## 4.134　为什么钉子在火里不会熔化?

【题】为什么钉子在烛火中不会熔化?

【解】"因为火焰还不够热。"一般人会这样说到。但是我们已经知道，火焰的温度大约在 1600℃ 左右，比铁的熔点已经高出了 100℃。这就是说，火焰其实是够热的，只是铁并不会因此熔化。

原因是铁在被加热的同时也在向外辐射能量。物体的温度升得越高，它的辐射就越强，热损失就越大，当热补给予热耗损持平的时候，温度就不会再升高了。

如果要把钉子的每一部分都完完全全地放入火里，那么钉子的温度最高会等于火焰的温度，那时钉子就会熔化了。但是一般情况下能放在火里的只是钉子的一部分，凸出来的一部分会不断的释放热量。铁钉的热收入与热支出平衡会出现地非常早，绝等不到钉子被加热到自己的熔点。

总之，钉子不能在火里被熔化并不是因为火焰的温度不够，而是因为火还没有大到能够把钉子全部包住。

# 4.135 什么是"卡路里"①?

【题】为什么把在 1 个大气压下将 1 千克水加热，使其从 14.5℃ 到 15.5℃ 时所需的热量定为 1 卡路里？

【解】水温上升一度所需要的热量在不同的温度段并不是一样的。从 0℃ 加热到 27℃，每一度所需要的热量是逐渐减少的，而从 27℃ 开始，每度又在增加。因此为了准确地定义卡路里，就必须指出，是在什么样的温度条件下加热 1℃ 所需要的热量。

按照国际惯例对卡路里的精确定义：卡路里，是使水从 14.5℃ 升温到 15.5℃ 所需要的热量。为了测定这个标准，人们是从 0 到 100℃ 的无数温度间隔中进行了 150 次测量得出了平均值，然后选择了 15℃ 时的热量值作为标准卡路里。从 0℃ 加热到 1℃ 所需的热量大约比 15℃ 区间时少 0.8%。

# 4.136 对三种状态下的水进行加热

【题】将同样重量的液态水、冰和水蒸气加热同样的度数，哪一个需要的热量少？

【解】对水蒸气的加热是最容易的②，然后是冰③，对液态水加热所需要的热量是最多的。

---

① 现代国际标准热学单位为"焦耳"，本题中提及的"卡路里"已不再做为标准单位使用。目前它还在营养学的领域使用，用以计算食物热量，1 卡路里 =4.1855 焦耳。
② 水蒸气的比热容为 2 千焦 /（千克·开尔文）。
③ 其比热容为 2.11 千焦 /（千克·开尔文）。

## 4.137　加热 1 立方厘米的铜

【题】将 1 立方厘米的铜 ① 加热 1℃，需要多少热量呢？

【解】把 1 立方厘米的铜加热 1℃ 需要多少热量呢？经常有人给出这样的错误答案：根据铜的比热容，大概需要 0.4 焦耳。可是他们忘记了比热容并不是相对体积而言的，而是相对于质量；不是针对 1 立方厘米而言的，而是针对 1 千克。对于 1 立方厘米（密度为 9）的铜来说，加热 1℃ 需要的热量不是 0.4 焦耳，而是 9×0.4=3.6 焦耳。

## 4.138　比热容最大的物质

【题】（1）什么固体的比热容最大？

（2）什么液体的比热容最大？

（3）什么物质的比热容最大？

【解】（1）所有固体中，锂金属被加热所需要的热量最多：它的比热容等于 4.35 千焦 /（千克·开尔文），是冰的两倍。

（2）所有液体中比热容最大的，并不想很多人想像的那样是水，而是液态氢（26.8 千焦 /（千克·开尔文））。液态氨同样拥有比水还要大的比热容（尽管只大一丁点）

（3）自然界无论固体、液体、气体的所有物质中，比热容最大就是氢。它在常温常压气态下的比热为 14.2 千焦 /（千克·开尔文），液态就像刚才提到的，是 26.8。氦气在气态下也有比水更高的比热容，为 5.2。

---

① 铜的比热容率大约为 0.4× 焦耳 /（千克·开尔文）。

## 4.139 食品的比热容

【题】在冷藏食物时需要一些食品的比热的知识，你知道下面一些食品的比热容吗？肉、鸡蛋、鱼、牛奶……

【解】下面列举了一些常见食品单位质量所含的热量：

猪肉——2.9 焦

鱼——2.9 焦

鸡蛋——3.3 焦

牛奶——3.8 焦

## 4.140 熔点最低的金属

【题】常温下的固体金属，熔点最低的是哪一个？

【解】在常温下为固体的所有金属中，熔点较低的是一种叫做伍德易合金的东西——它由 4% 的锡，8% 的铅，15% 的铋和 4% 的镉组成。在 70℃ 时它就会熔化。还有一种熔点更低的金属叫做"立波维茨合金"，它与伍德易合金的区别仅在于它的镉含量更低，只有 3%。这种合金在 60℃ 时就会熔化。

尽管这种合金在金属中的熔点很低，但是还有一些金属拥有更低的熔点，比如铯，熔点只有 28.5℃；

又如镓金属，只有 30℃。就是说只要轻轻含在嘴里就会使它熔化。

铯金属于 1860 年发现的，但是直到 1882 年这种矿才被大量发现。

镓是元素周期表中的第 31 号元素，于 1875 年被发现，很快它的价值就涨到了金的 100 倍。但是现在镓金属已经可以被用一种十分先进的方法从镓矿中提炼出来，使得这种金属被工业广泛应用成为可能。

镓金属早先最实际的用途就是作为水银的替代品被应用到温度计中（现在这种金属主要被应用到半导体材料的生产中）。尽管熔点只有30℃，它的沸点却有2300℃。这就是说它的液态范围是从30℃到2300℃。尽管理论上可以用熔点达3000℃的石英做成温度计，但是制造镓温度计毕竟更现实一点并已在技术上实现了。这种温度计的测量范围可以达到1500℃。

## 4.141 熔点最高的金属

【题】请列举几个熔点很高的金属。

【解】熔点在1800℃的金属铂早已经丢失了难熔金属第一的宝座。有很多有名的难熔的金属比铂金的熔点要高上500℃到1000℃以至更多，比如说：

铱——2350℃

锇——2700℃

钽——2890℃

钨——3400℃

钨是目前所知道的金属中熔点最高的，它也因此被用做制作灯丝。

## 4.142 受热的钢材

【题】在火灾中，为什么钢结构会毁坏，而钢本身却不会熔化？

【解】钢条的刚性在高温下会大幅度地下降。在500℃时的刚性只是它在0℃环境下的二分之一，在600℃时下降到三分之一，在700℃时只是自身强度的七分之一（准确的说，如果钢材在0℃是的刚性是1的话，在

500℃ 时就是 0.45，在 600℃ 时就是 0.3，在 700℃ 时就是 0.15）。所以在火灾中钢结构的建筑会因为承受不住自身的重力而倒塌。

## 4.143　放在冰里的水瓶子

【题】（1）能不能把一个装满水的瓶子放在冰里，而不担心瓶子会破裂？

（2）把一个装满水的瓶子放在 0℃ 的冰里或者放在 0℃ 的水里，哪一个瓶子里的水结冰更快？

【解】（1）如果瓶子里的水结冰了，瓶壁的玻璃会因为冰的膨胀而崩裂。但是在特定的条件下瓶子里的水是不会结冰的。并不是说只要温度降到 0℃ 以下瓶子里的水就会结冰，还要额外克服每克被凝固的水融化所吸收的大约 320 焦耳的潜在热量。由于与此同时，瓶子周围的冰的温度是 0℃，所以热量是不会从水传向冰的：温度相同下的热传递是不可能的。一旦没有克服水在 0℃ 时的热量，水就将仍旧保持液体状态。所以说这种时候太担心瓶子的完好也不是总有必要。

（2）水在处于冰中的瓶子里不会结冰，在放在水中的瓶子里也不会结冰。一旦瓶子里外的温度都到达 0℃，瓶子里的水也只会保持零度而不会结冰。因为它是不能提供给周围环境融化的潜在热量的：在温度相同的情况下是不会发生热传递的。

## 4.144　冰能够沉到水底吗?

【题】冰在纯水中会不会下沉?

【解】我们知道冰在 0℃ 时的密度为 0.917，所以通常情况下冰会漂浮在水上。在给水加热的过程中它的密度减小，在 100℃ 时为 0.96；在这样的水中渐渐融化的小冰块仍然会漂浮。在高压下继续给水加热，我们可以在 150℃ 时得到密度为 0.917 的水。在这种水中冰就可以悬浮在水平面以下了，既不沉底也不漂浮。在 200℃ 时我们可以得到密度为 0.86 的水。这种水比冰要轻，也就是说冰在这种"热水"中会下沉。

需要指出的是，我们通常状态下所看到的冰只是水的一种固态形式；而在其他条件下（比如说在其他的大气压强下）形成的其他形式的冰就与通常的冰有所不同了。英国物理学家布列日曼进行了一项实验，将同样的一种物体在 3000 个工程大气压的高压范围里形成六种不同的冰，分别标注为"冰 1"、"冰 2"、……他发现：

冰 1，比水要轻 10 ~ 14%

冰 2，比水要重 22%

冰 3，比水要重 3%

冰 4，比水要重 12%

冰 5，比水要重 8%

冰 6，比水要重 12%

就是说，这六种由水变来的冰只有一种比水要轻，其余全比水的密度大。双数号码的冰（2、4、6）甚至会沉到密度为 1.11 的所谓"重水"下面。

## 4.145  管道里水的结冰

【题】地下管道里的水不会在严寒时结冰，反而是在解冻时结冰。为什么呢？

【解】有一种很难圆满解释的现象就是，地下管道里的水结冰通常不是在最寒冷的天气里，而是在解冻时期。对此很自然的一种解释就是土壤的热传导率很低。热量传过土地无论怎样也比在地表传递要缓慢的多。深度越大，传得越慢。所以经常会有这种情况，在严寒天气里埋于深层土壤里的水管包括地下室里的温度还没有来得及降到零度以下，在这些地方水并不会结冰，只是到了解冻时期到来的时候，寒冷的余波才慢慢渗入地下。地下的最低温的到来与地表空气温度的升高几乎是同时的：管道被冻住了，地上的解冻却来临了。

## 4.146  冰到底有多滑

**【题】** 人可以在冰上滑行——这个现象可以解释为冰在压力很高时熔点会降低。我们知道，冰的熔点降低 $1℃$ 需要的压力大约 130 牛。所以，为了能在冰上滑行，比如说，在 $-5℃$ 时，滑冰者需要给冰施与的压力为 $5×130=650$ 牛。但是，冰刀与冰面接触的面积不过几平方厘米，滑冰者的体重落在每平方厘米上不过 $10 \sim 20$ 千克。所以，滑冰者给予冰的压力是绝对无法满足使冰的熔点降低 $5℃$ 的。

那么怎么解释人能够滑冰，甚至能够在 $-5℃$ 以下的低温中还可以滑冰呢？

**【解】** 理论计算和实际现象之间出现矛盾的原因在于，冰鞋的刀刃与冰面的接触面积被夸大了。冰刀与冰的接触并不是冰刀的支撑底面的全部面积，而只是几个突出的点，看起来总面积绝不会超过 0.1 平方厘米（即 10 平方毫米）。在这种条件下假设一个 60 千克重的人在滑冰，他带给冰面的压力不会低于 $60：0.1＝600$ 千克／平方厘米，就是说远远满足了理论上实现融化冰面的要求。

同样，当载着半吨行李的雪橇在雪面上滑行时，雪橇与雪的真实接触面积不会超过 5 平方厘米，产生的压强超过 1000 个工程大气压。

如果天气足够寒冷的话，冰鞋的压力对于降低冰的熔点可能会是不够的，这时滑冰或者坐雪橇都由于缺乏水的润滑而变得很困难。

## 4.147 冰熔点的降低

【题】高压可以使冰的熔点降低到什么地步呢？

【解】每升高一个大气压冰的熔点就会降低 $\frac{1}{130}$ ℃。但是不要以为只要有足够的压力冰就会在很低的温度下融化。冰的熔点随着压力增高而降低是有限度的：它的熔点最低也只能到达 –22℃。而这还是在 2200 个工程大气压的高压下才能完成的。

所以说在 –22℃ 以下的严寒中滑冰是件很困难的事。这可以解释为，即便在高于 2200 个工程大气压的情况下，冰也不再会发生变形，而是较平常的冰更紧实了。因此，锋利的刀刃带来的较大压强已经不会帮助冰刀在液态润滑的冰面上滑行了。

## 4.148 干冰

【题】什么是"干冰"？为什么这样叫它？

【解】"干冰"就是冷凝的二氧化碳。如果把液态的二氧化碳封闭在一个有着 70 个工程大气压高压的瓶子中，放走强烈蒸发的一部分气体，剩下的就是由于蒸发吸热而冷凝下的疏松的雪状物。

将这部分物质压缩，它就会变为很像冰块的一种紧实的固体，这一部分就是"干冰"。干冰的一个出色的特性就是一经加热它不会变为液体，而直接升华为气态。这为制造冷凝剂，对产品进行冷冻提供了极大的便利：

它根本不会使产品受潮,"干冰"的名字也正式由此而来。(参图 101)

　　干冰的另一优点是它的制冷效力是普通的冰的十五倍之多。同时它的蒸发又十分缓慢:一个带有干冰的存放水果的车厢可以在路上保存十天而不用换冰 [①] 。

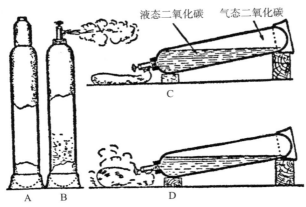 

图 100　A:在一个封闭的厚壁罐子里装有液态二氧化碳。液体下侧,是二氧化碳气体;B:当阀门打开,液体由于压力的降低而沸腾;C:罐子被倾斜,以便将液态二氧化碳倒入绑在阀门上的袋子里;D:袋子被二氧化碳的冷凝蒸气所填充,进而里面会剩下冷凝固体。

图 101　从装有二氧化碳的袋子里倒出疏松雪状物;它被压紧后,就成为"干冰"。

## 4.149　水蒸气的颜色

【题】水蒸气是什么颜色的?

【解】大多数人都认为水蒸气是白色的,并且对别人对这一观点的纠正感到惊奇。事实是水蒸气是完全无色透明的。人们在日常生活中看到的白

---

① 利用干冰球,可以用简单的纸包装运送冰淇淋。冰淇淋可以在路上保存 40 小时。这种干冰球的制冷功效不仅在于它本身的低温,还在于它的升华过程中形成的碳酸气体本身也是很冷的,这层气体覆盖物可以明显地减缓融化。对于储藏物来说,碳酸气体是完全无害的;此外,它还可以减少火灾出现的危险。

雾其实不是物理意义上的水蒸气，而只是雾状的小水滴。云同样不是由水蒸气组成的，它只是一些更小的水滴的集合。

## 4.150 水的沸腾

【题】在同样的条件下，生水和开水哪一个沸腾得更快？

【解】这个问题在研究者中间引起了广泛激烈的讨论。他们在电话里和我也谈论了这个话题。更多的意见认为，开水将会更快地沸腾。理由其实很幼稚：这些水已经沸腾过了。但是这个理由是没有意义的。从某种程度上讲，世界上没有一滴水从来没有沸腾过——它们都曾经是气态。

而事实上，生水会沸腾得更快，因为在生水里面溶入的空气更多。下面我们就来详细解释一下为什么空气的存在会加快沸腾。

沸腾与蒸发作用的不同，就在于在对液体加热的过程中，沸腾是要产生气泡的。这只是在当蒸汽压达到不小于表面大气压的大小时（这部分大气压将根据帕斯卡定律 [1] 向内传播）才成为可能的。我们知道在 100℃ 时水蒸气是饱和的。这时水蒸气压等于大气压。但是这只是针对水平面空间上的饱和蒸汽的情况。水内部形成的气泡里的饱和蒸汽压应当是小于水平面附近相同温度下的大气压的。此外液体凹表面会产生附加压，使得跑出的蒸汽分子很容易就被"压回"到水里。也就是说，比较而言，在每秒钟获得"自由"的分子数等于被"压回"的分子数的情况下，气泡内部获得"自由"的蒸汽分子数量是很小的。饱和的含义就是指：一定温度条件下，一定空间里蒸汽分子的最大数量——此时气体的压强最大。现在我们清楚，内部

---

[1] 译注，帕斯卡定律是指，在流体（气体或液体）力学中，由于液体的流动性，封闭容器中的静止流体的某一部分发生的压强变化，将毫无损失地传递至流体的各个部分和容器壁。

气泡的最大压强是小于水表面上的气压（这个气压等于大气压）的。水面的凹度越大，气泡的半径越小，蒸汽的最大压强就越小。比如，半径 0.01 微米的气泡里，饱和蒸汽的压强在 100℃ 时不是 760 毫米汞柱，而是 705 毫米。

由此可知，一般来讲水的沸腾温度并不是理论上的 100℃，而是在更高一点的温度上。也就是说，在水蒸气产生了更高的压强，使其等于大气压的时候，才会发生沸腾。已经开过的水，内部空气已经全部被赶走了。因此，它的沸腾开始得就会很晚；但是一旦开始，它就会进行得很快很猛烈，带有大量蒸汽的析出并且由于汽化中热量消耗的增强而快速地将水引至沸腾的标准温度（100℃）。

但是，溶有大量空气的生水就不是这样。溶解在水中的各种气体由于温度的升高和饱和度的降低而减少，过剩的空气随着水的加热而以气泡的方式分离出来。生水加热的过程中首先出现的气泡并不是水蒸气，而是空气。之后，水蒸气分子开始从内部涌出获得"自由"。要知道，在最为细小的气泡里饱和蒸汽压特别低，这使得最小的蒸汽气泡首先在水中出现变得很难。当这段气泡产生的困难度过后，也就是当气泡无论如何还是出现后，接下来在气泡里面形成蒸汽的过程就会容易得多了。气泡进而快速地冒出来。这就解释了为什么含有很多空气的生水不会像开过的水那样沸腾得很慢。

由于从水里可以分离出空气，麦克斯韦曾经成功地在标准大气压下将水加热到 180℃。采用更精确的分离空气的方法，还可以将水加热到更高的温度而使它继续保持液体状态。物理学家格劳夫曾经断言，"还没有人看到过不包含任何空气的水进行过'纯净的沸腾'。"

## 4.151　蒸汽加热

【题】用 100℃ 的水蒸气可以把水加热到沸腾吗?

【解】被加热到 100℃ 的水蒸气只有在水的温度小于 100℃ 时才会和水发生热传递。而且从水温和气温相等的那一刻起，蒸汽向水的热传递就会结束。由此得知水可以被 100℃ 的水蒸气加热到 100℃，但是得到的这些热量对于水的汽化所需要的必要热量来说，是不够的。

总之 100℃ 的水蒸气可以使水达到沸腾温度，但却不能使水汽化：水将依然保持液态。

## 4.152　手里沸腾的茶壶

【题】刚刚从火上拿下来的装着沸腾的水的茶壶据说是可以放在手掌上的。尽管水已经沸腾（图 102），但却不会灼伤手掌。只有在几秒钟之后手才会感觉到灼热。（我从来没有做过这样的实验，但是我的学生斗胆试过并且证明的确是这样。）

怎么解释这个现象呢?

【解】题目中的描述虽然是事实，但是对这一现象的解释却通常不尽正确。人们认为沸腾茶壶的热量不能够被手感觉到，是因为为了保证沸腾现象的进行，热量在包括壶底在内的茶壶壁上传导交换互相

图 102　试验并不像想象的那么危险

影响，从而有所消耗，降低了壶底的温度。当沸腾停止的时候，这种壶内热传递也就停止了，手于是就感到了热。

这种解释是不对的。它并不能说明为什么手触到壶的侧壁就会烧伤，而触到壶底却安然无恙。此外，还有事实证明刚才解释的荒谬性：壶底因为汽化作用，它的温度是不可能比壶内的水的温度还低的。要知道壶里的水此时温度在100℃左右——已经足够把手烧伤了。

真正的原因在于刚烧开的壶底壁上爬着一层细微的水泡。它隔热性能很好，当用手托壶底时，壶底铝的热容量较小，很快与手温平衡，而壶中水的热量却由于一层气泡的隔热，使手不感到发烫。一旦壶底温度降到150℃以下，气泡就不会产生，热量一下便会被手感觉到。

实验只有在壶底光滑的情况下才能成功。肮脏或者过于粗糙的金属壁都会影响这种现象的发生。

## 4.153　炸的和煮的

【题】为什么炸的东西比煮的东西好吃？

【解】油炸的食物比水煮的食物更好吃的原因不仅在于油炸向食物添加了更多油，而在于烹饪的物理过程的区别。尽管无论油还是水在超过各自的沸点时都会沸腾，但是水的沸点是100℃，而油可以达到200℃（主妇们都很清楚被热油烫伤是什么感觉）。

所以油炸可以比水煮实现更高的温度。而高温可以使食物中的有机物变得更加可口，所以油炸的食品，比如炸肉、煎蛋都会比水煮的肉、蛋之类的更加好吃。

## 4.154 手里的热鸡蛋

【题】为什么刚从沸水里拿出来的煮鸡蛋不会烧伤手?

【解】刚从开水里取出的鸡蛋又湿又热。从滚烫的鸡蛋表面蒸发的水吸走了大量热量,使鸡蛋表皮冷却,手于是不会感到过热。但是这只有在刚取出的鸡蛋还没变干时才行,稍等一会儿它马上就会变得灼热无比。

图 103 从沸水里拿出来的鸡蛋并不会烧伤手

## 4.155 风与温度计

【题】在寒冷的天气里风对温度计会有什么影响?

【解】尽管看起来风可以使温度计冷却,但是风其实对温度计没有任何影响(在温度计干燥的情况下)。这其实把风对动物有机体的影响和对自然仪器的影响混为一谈了。相对于在无风的天气下,大风会使严寒更快地到达我们的机体。这可以被解释为,风加快了围绕在我们身体表层的温暖气体的扩散,吹走了身体周围的湿气,而代之以寒冷的气体。

总之它会加快我们身体的热消耗而使我们感到寒冷。

但是与人体不同的是，在寒冷天气里，温度计的显示不会受到风力的任何影响。

## 4.156　"冷墙定律"

【题】曾有一个被称为"冷墙物理定律"的概念，你们知道它指的是什么吗?

【解】冷墙定律是一种非常古老的说法，现在已经几乎没有人知道了。

假设我们有两个容器（图104）：A管里装着100℃的水，B管里装着0℃的水。它们暂时没有被连通到一起，内部的气压是不一样的：B管里是4.6毫米汞柱，A管里是760毫米汞柱。当我们把C开关打开，A管里的蒸汽就会进入B管并且立刻变为水；所以A管里的气压不会比B管里的更大。在由A管到B管的过程中不会伴随着B管里的气体的压力的增大。

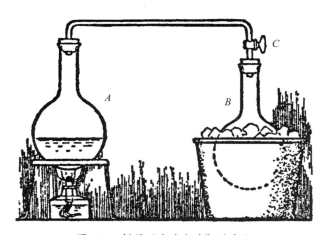

图104　解释"冷墙定律"的实验

这个现象被表述为：

"两个盛有不同温度液体的容器彼此连接起来后，其内部气压将会趋向相同，并等于温度更低的气体的最大压力。"

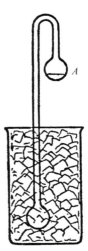

这条物理规则很快在读者中流传，并被命名为"冷墙规则"或者"冷墙定律"。这种仪器也成为冷凝器的雏形。下面的仪器将两个空心的玻璃球管连接起来（参图105）。仪器的内部充满水与水蒸气的混合物，空气已经被抽净。水汽混合物中溢出的水进入上方的球形管，下方的球形管浸入了装满冷凝物的烧杯里。根据"冷墙定律"，上方球形管里会对下方球形管形成压力。随着压力的减小，上方球形管里的水会沸腾起来，但是沸腾形成

图105　冷凝器：当下方的容器冷却时，上方容器里的水会凝固。

的蒸汽会很快进入下方球形管；沸腾产生的能量很巨大，所以由于上方球形管里的水的汽化而迅速产生的热消耗又会使沸腾冷却下来，尽管这一部分并没有接触下方的冰。

## 4.157　木柴的燃烧值

【题】1千克的白桦树皮和1千克的干燥山杨树皮，哪一个燃烧时产生的热量更多？

【解】人们一般认为，白桦树木柴的燃烧值比一些针叶林木柴特别是山杨木要大得多。在体积相等的前提下比较这两种木柴，这种说法是正确的。白桦树燃烧释放的能量更多。但是，物理学家和技术工人计算燃烧值的时候比较的并不是体积，而是重量。而白桦树木柴的密度是山杨木的1.5倍，所以当读者们得知，白桦木和山杨木的燃烧值其实是一样的时，并不必太

惊奇。无论哪一种木材，每千克原木燃烧所产生的能量都是一样的（假设木材中的水分比都是一样的）。

所以说，白桦木比山杨木容易烧，只是我们在日常生活中比较不同质量的燃烧物时得出的结论。

有趣的是，不同种类的木柴之间的价格关系倒是和这些木柴的密度关系相符合。也就是说我们买木柴时，每卢布所买到的热量是相同的。

但是如果说不同种类的同样质量的木柴在燃烧释放热量的量这个意义上是等价的，它们在实际生活中仍不是完全等价的。比如对于蒸汽锅炉来说，燃烧放热的量只是一个方面，燃烧的速度也是很重要的。就有一些工厂（比如玻璃加工厂）使用燃烧速度更快的山杨木和松木，这些木柴相比其他种类是更实惠的。相反，对于室内取暖来说，密度更大燃烧更缓慢的木柴就比那些极易燃的木柴要实用些。

## 4.158  火药和煤油的燃烧

【题】点燃火药和煤油，哪一个产生的热量更多?

【解】有一种观点其实是错误的：物质爆炸的强烈作用是由于其内部的巨大能量释放造成的。其实，很多物体爆炸时看似能量很高的热释放和一些普通生活燃料燃烧时释放的能量相比是很低的。比如说燃烧 1 千克的下列火药获得的热量是：

| | |
|---|---|
| 黑烟火药 | 3000 千焦 |
| 无烟火药 | 4000 千焦 |
| 无烟硝化甘油 | 5000 ～ 6000 千焦 |

相比之下再来看看一些普通燃料的千克发热量：

| | |
|---|---|
| 煤油 | 45000 千焦 |

| 石油 | 44000 千焦 |
| 煤 | 30000 千焦 |
| 干柴 | 13000 千焦 |

然而，这些数据不能和刚才的数据直接比较：还应该把物体爆炸从空气中消耗的氧气计算在内。物体燃烧消耗的氧气也同样应被计入可燃物的总质量中。这个附加的质量经常是物体本身质量的 2 ～ 3 倍。比如说，1 千克煤燃烧消耗 2.2 千克氧气（这只是理论值，实际可能是这个数字的甚至两倍还要多），1 千克石油需要 2.8 千克氧气……

按照这个修正过的燃料燃烧所得的热量值，它要比物体爆炸所得的热量要大得多。煤块儿的燃烧值是火药的三倍，所以如果用火药来生火取暖的话是很不合算的。

当然这里还有一个问题：如果物体爆炸所得的能量其实很有限的话，为什么它的破坏力这么强呢？其实这只是燃烧速度的原因。也就是说爆炸是将较少的能量在极其微小的时间间隔中释放的。爆炸在很小的一个空间里形成了强大的气流，能够在诸如炮膛里给炮弹一个 4000 个大气压左右的推动力。如果火药燃烧得很慢的话，还不等炮弹滑出炮膛，能量就已经消耗殆尽了；如果气流形成得不够迅猛，炮弹受到的压力就很小，速度也就不会很高。的确，火药的燃烧几乎是瞬时完成的——不到百分之一秒的时间里就已经完成了。形成的气流给了炮弹强大的冲击力。

## 4.159　火柴燃烧的热量

【题】火柴燃烧的功率是多少？

【解】这不是一个笑话，而是一个物理学领域的现实问题。燃烧的火柴能够释放多少热量呢？换句话说，火柴的功率是多少瓦？

人们很容易认为火柴的能量是微弱的。那么下面就来计算一下。火柴的重量大约是 100 毫克或者说 0.1 克（这是可以用灵敏的秤测量出来的。如果没有的话，可以通过测量它的体积，乘以火柴棍的密度 $0.5g/cm^3$ 来获得）重量为 1 克的制作火柴棍的原木燃烧释放的能量大约是 12500 焦耳。一根火柴大约可以燃烧 20 秒。也就是说，在重量为 0.1 克火柴棍燃烧释放的 1250 焦耳（12500·0.1 克）能量中，每秒钟释放的能量为 1250 ：20，大约是 63 焦耳。也就是说火柴燃烧的功率大约是 63：1＝63 瓦特。也就是说，火柴的功率超过了功率为 50 瓦的一般电灯泡。

用同样的方法还可以计算出一支烟卷的功率大约是 20 瓦[1]。

## 4.160　用熨斗清除油斑

【题】用熨斗清除布上的油斑的原理是什么？

【解】通过加热清除连衣裙上的油脂斑点的方法依据是，液体的表面张力会随着温度的升高而减小。

"所以如果在油斑的不同部位温度不同的话，油脂就会从热的地方向冷的地方滑动。把布的一面贴在滚烫的熨斗上，冷的一面贴上一张白纸。油脂就会浸到白纸上。"（麦克斯韦《热学原理》）

所以，吸收油脂的材料必须放在熨斗的另一面。

## 4.161　食用盐的可溶性

【题】在什么样的水里面食盐的可溶性最大？　40℃ 还是 70℃？

---

[1] 这个数字是这样计算出的：一支烟大约是 0.6 克；它的燃烧值大约是 12500 焦耳／克；抽完一支烟的时间大约是 5 分钟。

【**解**】有大量的固体的在水中的可溶性会随着温度的升高而升高。比如说放在水里的糖在水温 0℃ 时的溶解率为 64%，在 100℃ 的水中则会达到83%。

但是，食盐却不属于这样的物质，它在水中溶解的速度和温度无关。在 0℃ 时，食盐的溶解率为 26%，在 100℃ 时为 28%，其中在 40℃ 和70℃ 时食盐在水中的溶解率是完全一样的，都是 27%。

# 第五章　声现象

## 5.162 雷声

**【题】**请留意一下闪电和雷声，你能够根据雷电的强弱判断它们的距离吗?

**【解】**我们听到的雷声和平时听到的声波有所不同。雷声是一种振幅极大的叫做爆炸波的声波。爆炸波与普通声波的一大区别就是它在自己短暂振动的末期迅速散为声波。在初始，爆炸波的扩散速度明显快于声音，但是它的速度并不持久，而是随着爆炸波的结构的变化而迅速降低。在导管中进行的爆炸波扩散实验显示，爆炸波的初始速度达到 12 ～ 14 千米 / 秒，就是说是声速的 40 倍。

闪电就是在爆炸波初始以快于声音的速度穿透大气层时产生的。在这一阶段，人们听到的是啪啪声。

我们有时会在闪电过后（有时甚至和闪电同时）突然听到炸雷（一般的雷声都带有低沉的前奏）。这是由于爆炸波还来不及演变成普通声波而形成的。炸雷预示着暴风雨的到来。

第二种雷，是伴有推滚声，声音时强时弱，在闪电后几秒钟才从远方传来的闷雷。但是如果认为根据闷雷和闪电之间相隔的秒数可以计算暴风雨的距离（比如用秒数乘以音速），这种想法是完全错误的。原因在于，上面提到的雷声并不是按照音速来传播的，而是在初始阶段快于音速，直到传播末期才成为声波。

关于雷声的这种解释并不适用于炮弹发射时的声音。炮弹发射时的爆炸波在离开炮膛 2 米时就已经变为声波，因此根据音速来测量炮弹发射是完全可能的。

## 5.163　声音与风

【题】为什么风可以使声音更响？

【解】先来看看拉库尔和阿佩里的《物理学起源》中的相关见解：

"我们知道，风在向哪一个方向吹，声音向哪一个方向的传播就会更顺利。

对此我们通常的解释就是，风速加快了声音的速度。但是这样的解释是不够的。我们很容易注意到，气团运动达到 10 米 / 秒就已经被认为是很大的风了，但是无论它与速度为 330 米 / 秒的声音的传播方向相符还是相悖，声音的速度也不过是变为 340 米 / 秒或者 320 米 / 秒。显然，这个影响是很小的。

英国物理学家约翰·金塔尔用下面的方式解释这种现象：高空的风速一般总会大于近地面的风速。我们知道，声波在静止的气团中应该是向四面传播的（如图 106 中的虚线圈）。它的声场在风向水平线上的变化要比垂直地表方向的变化要快。于是声场的变化就出现了图 106 中实线圈所表示的样子。A 点传出的声波在每一点上都发生垂直于声波曲线面的偏转。那

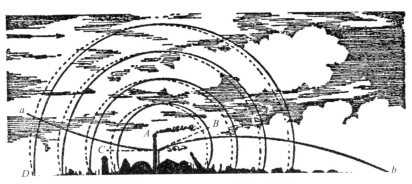

图 106　风如何改变了声场的结构。

图 107 顺风的声波是如何变化的。

么，*AC* 方向的声波，就不能够达到站在 *D* 点的观察者耳中，而是朝着 *Aa* 方向绕开了，于是 *D* 点的观察者并没有听到声音。与此相反，沿 *AB* 方向传播的声音会在每一个声波曲线的垂直面发生沿 *Ab* 方向的偏转。声音于是到达位于 *b* 点的观察者耳中。所有低于 *AB* 一线的声波都会发生相似的偏转而到达 *Ab* 之间近地面的不同点。这一部分的地表收到的声音要比无风天

图 108 逆风的声波是如何变化的。

气声波自然传播时得到的要多。……"

这也就是说，声音随着风变化的原因并不是由于声波速度的变化，而是声场的结构发生了改变。（当然最终的原因还是因为速度的变化）

## 5.164 声波的压力

【题】声浪压迫鼓膜的力量是多少？

【解】能够被感知的声音的压强能够带来的气压大约是 0.05 帕斯卡。随着声音的增大压强会成百倍千倍的增长，但是总之声波的压强还是非常小。比如说，经过计算，在大城市喧闹的大街上，声波给鼓膜带来的压强也就是 1 ~ 2 帕斯卡，相当于 $\dfrac{1}{100000}$ 到 $\dfrac{1}{50000}$ 个大气压。

下面就是一些工业生产车间里的噪声产生的压强：

冷凝车间——2.6

锻造车间——1.9

轧钢车间——1.85

锅炉车间——1.7

铁丝螺钉车间——1.5

自动六角车床车间——1.35

白铁车间——0.8

斩截车间——0.75

抛光车间——0.7

（单位：帕斯卡）

当声波压强等于大气压的四分之一时，鼓膜就会有破裂的危险。

工业生产过程中，产生的对人耳有害的噪音的限度，大约是 0.3 帕的压强。

## 5.165  为什么木门挡住了声音？

【题】人们都知道，声音通过木头传播要比通过空气传播要快，不信可以做这样的试验：轻轻地敲击圆木的一端，把耳朵贴在圆木的另一端可以清晰地听到声音。但是为什么隔壁房间的谈话，在木头门关闭的一刻，会被断绝了呢？

【解】因为声音通过木头传播的速度比通过空气要快，所以木头门闭塞了声音的现象确实多少有点奇怪。声波在从空气进入传播速度更快的木头时，会向远离法线的一侧发生折射。也因此，从空气进入木头的声音存在"临界角"。而根据最大折射率定律，这个临界角将会非常小。也就是说落到木头表面的声波中只有很小百分比的一部分会穿过木头，而更多的会反射回空气中。这便解释了木头门会阻碍声音的原因。

## 5.166  声音的折射镜

【题】是否也存在声音的折射镜呢？

【解】制作一个声音的折射镜也是完全可能的。这样的折射镜可以用许多导线编成网格，形成一个半球体，里面装满细毛——用来延迟声波的运动。这个半球体对声音的作用就想一个聚光的凹透镜一样。在图109中可以看到在透镜前放着一个用于促进声音折射的厚纸板，声音穿过纸板，经过透镜聚焦后集中到点F上。S点放着声源（一

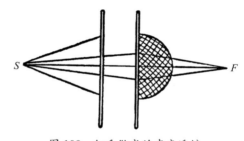

图 109　细毛做成的声音透镜

支哨子），而 F 点放着声敏装置。

也有其他的人曾用另外的方式做过一种声音透镜。他写道：

　　"我们用充足了气的气球做了一个透镜。气球壁是用某种胶状体制成的，里面充满的是二氧化碳。气球壁非常薄，以至于任何轻微的碰撞都会被感知，然后导致内部气体分子的互相碰撞。然后我在离气球不远的地方挂了一台小钟。再用一个玻璃罩的喇叭口罩在耳朵上，把耳朵置于另一侧距离它大约 1.5 米的距离处。

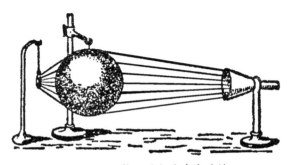

图 110　二氧化碳气球声音透镜

　　把我的头移向各个不同的方向，我很快找到了时钟的滴答声突然变大的地方。这里就是声音的'焦点'。如果我的耳朵离开这个焦点，声音立刻就变弱。如果耳朵停留在焦点处，而气球的位置有所移动，滴答声同样变弱。当气球回到原位时，声音又恢复了刚才的强度。这就表明，是'透镜'给了我如此清晰地听到滴答声的可能；同时，如果没有玻璃罩罩住我的耳朵，滴答声也是听不到的。"

## 5.167　声音的折射

【题】当声音从空气传到水面，声音的折射是会靠近法线还是会远离法线？是会折射还是会反射？

【解】如果按照光线折射定律来推测声音
的折射，得到的答案会完全错误。光在水中传
播的速度比在空气中要慢。而声音却恰恰相反，
在水中的传播速度大约是空气中的 4 倍。因此
由空气进入水中的声音会向远离法线的一侧发
生折射。也因此从空气进入水中的声音存在
"临界角"。在这种情况下临界角为 13℃（根据
折射率的最大值等于声音在两种介质中传播的速度比）。从图 111 中我们可

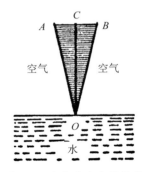

图 111　声音在水中的折射

以看到锥体 AOB 内的区域就是声音可以进入水中的区域。在锥体 AOB 外
的声音，将从水面被反射回去（声音的全反射）。

## 5.168　壳状物里的声音

【题】为什么把碗或者大贝壳放在耳朵边，它们会发出巨大的声响？

【解】我们用碗或者大贝壳罩住耳朵的时候会听到声响，这是因为壳状
物是一个可以将周围的各种我们平时听不到的声音聚合的共鸣腔。这种混
合在一起的声音就像海浪涌来。也是因此围绕壳状物在人类生活中产生了
各种各样的传说。

## 5.169　音叉和共振器

【题】如果把一个音叉放进共振器里，声音会明显增强，这多余的声音
是从哪里来的呢？

【解】当振动的音叉将声波传到共振器时，声音虽然变响了，可是持续

的时间会变短。按照能量守恒定律，音叉和共振器发声的能量应该是一样的，共振器并没有获得多余的能量。

## 5.170　声波到哪里去了？

【题】当声音越来越小时，这些声音跑道哪里去了呢？

【解】当声音减小的时候，声波的能量转化为空气分子的热运动以及墙壁的振动。如果房间里的空气分子没有内部摩擦，而墙壁也拥有绝对的弹性，那么房间内的声音就会永不停止，任何一个音符都是永恒的。在普通的房间里声波会在墙壁间反射 200 ～ 300 次，每次反射都会损失一部分能量，最终被墙壁吸收从而增加了墙壁的温度。当然，这种加热是十分微弱的。如果想用这种方法传递热量，每传递 1 焦耳，歌唱家要不间断的歌唱一昼夜左右。"一万个人用全力叫喊，得到的能量才能够稍微点亮一盏电灯。这些人的热情能够持续多长时间，这盏灯大约也就能维持那么长的一段时间。"——诺尔顿教授在他的《物理学》一书中这样写道。

还有一个问题也很难回答："光波跑到哪里去了呢？"特别是当考虑到天上闪烁着无数星星的光时，很难解释这个问题。